21世纪高职高专规划教材 电气、自动化、应用电子技术系列

# 自动控制原理与系统

白俊平 沈海军 主编
朱春颖 副主编

清华大学出版社
北京

## 内 容 简 介

全书共分为 9 个项目,其中项目 1 以太阳能抽水系统、液位控制系统和自动孵化控制系统为例,介绍自动控制技术的发展史、分类及控制系统的基本概念等基本知识。项目 2 和项目 3 以直流调速系统为例定量分析系统每个环节的性能特点和整个系统的时域性能指标。项目 4 以直流调速系统的串联校正和换热器的顺馈补偿为例,介绍自动控制系统的校正方法。项目 5~7 通过电气自动化最典型的电动机调速的实例,介绍一个实际系统的特点、组成、安装调试以及控制方案性能指标的影响。项目 8 以数控机床为例,介绍位置随动系统的控制方法。项目 9 对直流调速系统的各种控制方法进行计算机仿真。

本书可作为高职高专、成人高校、职工大学、函授大学电气自动化专业、机电一体化专业、应用电子专业和电力系统专业及其相近专业的教学用书,也可供从事电气自动化技术的工程技术人员参考使用。

**图书在版编目(CIP)数据**

自动控制原理与系统/白俊平,沈海军主编.--北京:清华大学出版社,2016(2022.7 重印)
21 世纪高职高专规划教材. 电气、自动化、应用电子技术系列
ISBN 978-7-302-41678-4

Ⅰ.①自… Ⅱ.①白… ②沈… Ⅲ.①自动控制理论-高等职业教育-教材②自动控制系统-高等职业教育-教材 Ⅳ.①TP13②TP273

中国版本图书馆 CIP 数据核字(2015)第 237774 号

责任编辑:刘士平
封面设计:傅瑞学
责任校对:李 梅
责任印制:曹婉颖

出版发行:清华大学出版社
      网    址:http://www.tup.com.cn,http://www.wqbook.com
      地    址:北京清华大学学研大厦 A 座      邮    编:100084
      社 总 机:010-83470000                邮    购:010-62786544
      投稿与读者服务:010-62776969,c-service@tup.tsinghua.edu.cn
      质量反馈:010-62772015,zhiliang@tup.tsinghua.edu.cn
      课件下载:http://www.tup.com.cn,010-83470410
印 装 者:北京嘉实印刷有限公司
经    销:全国新华书店
开    本:185mm×260mm      印    张:14      字    数:317 千字
版    次:2016 年 7 月第 1 版      印    次:2022 年 7 月第 7 次印刷
定    价:45.00 元

产品编号:062808-02

# 前　言

　　本书是根据专科院校教学改革要求编写而成的,遵循理论和实际相结合的原则,主要介绍自动控制原理和典型的自动控制系统以及控制系统仿真。在编写中注重对控制理论的理解和对控制系统的分析,帮助学生掌握用自动控制理论分析各种控制系统。

　　本书内容选材合理,理论联系实际,强调分析过程,根据系统控制要求对系统进行设计和校正。本书有如下特点:①本着实用的原则,尽量简化理论推导,注重概念的阐述与分析;②本书中的大量实例分析都有试验支持,做到学以致用;③每个项目都分成几个任务,每个任务都有任务引入、学习目标、任务分析及任务实施过程,每个项目后面还有小结及思考题与习题。

　　本书内容主要包括太阳能抽水系统的认识、直流调速系统数学模型的建立、单闭环直流调速系统的时域性能分析、直流调速系统的校正、不可逆直流调速系统、晶闸管可逆直流调速系统、直流脉宽调速系统、位置随动系统、直流调速系统 MATLAB 仿真 9 个项目,每个项目又包括几个任务。其中项目 1~4 通过实例将经典控制理论在项目中逐渐展开,项目 5~8 是对前 4 个项目的综合运用,项目 9 为自动控制系统的仿真环节。

　　本书由河北机电职业技术学院白俊平副教授和沈海军主编,并特约北京斯富威尔科技有限公司总工程师牛永学和冀中能源股份有限公司邢台矿电气高级工程师李更龙对本书项目内容进行研讨和合理安排,本书由河北机电职业技术学院的方红彬副教授担任主审。

　　本书内容的编写安排如下:项目 1 由牛永学编写,项目 2 由沈海军编写,项目 3 由白俊平编写,项目 4 由闻娜编写,项目 5 和项目 9 由朱春颖和李更龙编写,项目 6 由刘成伟编写,项目 7、附录 A 及附录 B 由黄亮编写,项目 8 由薛建芳编写。

　　本书可作为普通高等工科学校、高等职业技术院校和中等专科院校教材,也可供从事电气自动化的工程技术人员参考使用。

　　由于作者水平有限,书中难免有不足之处,恳请读者批评指正。

编　者

2016 年 5 月

# 目　录

# 太阳能抽水系统的认识

**引言**

太阳能抽水系统如图 1-1 和图 1-2 所示。本项目从常见的控制系统入手,介绍控制系统的基本概念,并从不同的角度对控制系统进行分类,介绍控制系统应具备的性能指标。

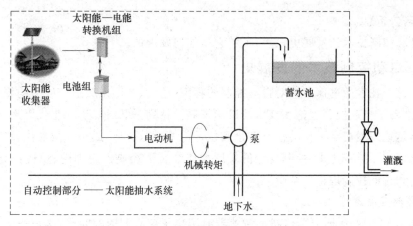

图 1-1　太阳能抽水系统——开环控制

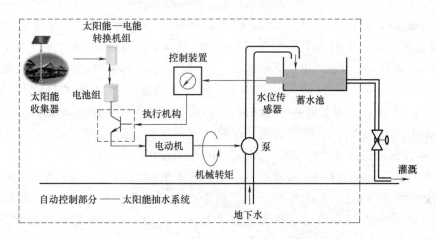

图 1-2　太阳能抽水系统——闭环控制

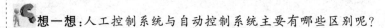

想一想：以上两个系统在结构上主要有哪些区别呢？

# 任务 1.1　液位控制系统

## 【任务引入】

液位控制系统在日常生活中应用非常广泛,种类也很多,但基本上可以分成两种,一种是人工控制系统,一种是自动控制系统。

想一想：人工控制系统与自动控制系统主要有哪些区别呢？

## 【学习目标】

(1) 了解自动控制技术的发展史。

(2) 通过分析能够判断某个系统是自动控制系统还是人工控制系统。

## 【任务分析】

从自动控制技术的发展史入手,了解它是如何发展的。

## 1.1.1　自动控制技术的发展史

现代科学技术的迅速发展对自动控制的程度、速度、范围及其适应能力的要求越来越高,从而推动了自动控制理论和技术的迅速发展。特别是 20 世纪 60 年代以来,电子计算机技术的迅速发展奠定了自动控制理论和技术的基础,逐步形成了一门现代科学分支,即现代控制理论。纵观历史,控制理论的发展大体经历了经典控制理论、现代控制理论、大系统理论和智能控制理论 3 个阶段。

### 1. 经典控制理论

1788 年,J. Watt 研究蒸汽机的调速器时引出了离心调速的问题,这是一个最早的自动调节系统。1868 年,J. C. Maxwell 首先在 *Proceeding of the Society of London* 第 16 卷上发表了《论调速器》一文。E. J. Routh 于 1877 年提出了有关线性系统稳定性的判据,使自动控制技术前进了一大步。1923 年,Heavyset 提出了设计系统的算子法。1932 年,H. Nyquist 研制出电子管放大器。1945 年,Bode 写了《网络分析和反馈放大器设计》一文,奠定了经典控制理论的基础,在西方国家开始形成了自动控制学科。1948 年,N. Wiener 发表了著名的《控制论》,形成了完整的经典控制理论。1950 年,W. R. Evans 提出了根轨迹法,能简便地寻找特征方程的根,进一步充实了经典控制理论。此后,经典控制理论得到了更加深入和广泛的研究与应用。

经典控制(Classical Control)理论多半用来解决单输入/单输出的问题,所涉及的系统一般是线性定常系统,非线性系统中的相平面法也只含两个变量,如机床和轧钢机中常用的调速系统,发电机的电压自动调节系统以及冶炼炉的温度自动控制系统等,均被当作单输入/单输出的线性定常系统来处理。如果把某个干扰考虑在内,也只是对它们进行线性叠加而已。解决上述问题时,采用频率法、根轨迹法、奈氏稳定判据、期望对数频率特性综合等方法是比较方便的,这些方法均属于通常所说的经典控制理论范畴,所得结果在对精确度、准确度要求不是很高的情况下是完全可用的。经典控制理论是与生产过程的局部自动化相适应的,它具有明显的依靠手工进行分析和综合的特点,这个特点和 20 世纪四五十年代生产发展的状况,以及电子计算机技术的发展水平尚处于初期阶段密切相关。

**2. 现代控制理论**

空间技术的需要和电子计算机的应用,推动了现代控制理论和技术的产生与发展。20 世纪 50 年代末至 60 年代初,空间技术的发展迫切要求对多输入/多输出、高精度、参数时变系统进行分析和设计,这是经典控制理论无法有效解决的问题,于是出现了新的自动控制理论,称为"现代控制理论"。1960 年 Kalman 发表了《控制系统的一般理论》,1961 年 Kalman 又与 Bush 发表了《线性滤波和预测问题的新结果》,奠定了现代控制理论的基础。Kalman 的工作主要引进了数学计算方法中的"校正"概念,现代控制(Modern Control)理论的主要内容为状态空间法、系统辨识、最佳估计、最优控制和自适应控制。

**3. 大系统理论和智能控制理论**

这一理论是 20 世纪 70 年代后期控制理论向广度和深度发展的结果,大系统(Large-scale System)是指规模庞大、结构复杂、变量众多的信息与控制系统,它涉及生产过程、交通运输、计划管理、环境保护、空间技术等多方面的控制和信息处理问题。而智能控制(Intelligent Control)系统是具有某些智能的工程控制与信息处理系统,其中最典型的例子就是智能机器人。

## 1.1.2　人工控制与自动控制的概念

系统控制是一个非常普通的概念,它具有很多特性。如果一个系统是由人来完成对机器的操作的,例如开汽车,那么可称为人工控制(Manual Control)。但如果一个系统仅由机器来完成操作任务,例如智能空调器自动调节室内温度,那么就称为自动控制(Automatic Control)。

图 1-3 所示液位控制的示意图中,两个控制系统的目的都是期望容器中的液体能停留在指定的高度。不同的是:图 1-3(a)中,期望结果是由人进行操作完成的,是人工控制系统;而图 1-3(b)中,期望结果不需要人来干预就可以自动完成,是自动控制系统。

下面通过一个实例来进一步明确自动控制的基本概念。

【例 1-1】　热力系统的控制。

在图 1-4(a)所示的热力人工控制系统中,人是温度控制的主体,其目的是希望热水温度保持在给定温度。为此,可以考虑在系统的热水输出管道内安装一支温度计,并以此来测量热水的实际温度。操纵者(人)始终监视着温度计,当发现水温高于希望值时,就操作蒸汽阀门,减少输送到系统中的蒸汽量,以降低水温;当发现水温低于希望的温度时,就反

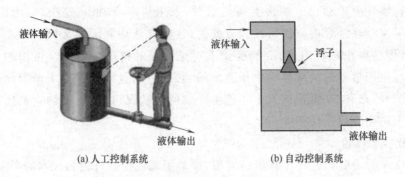

(a) 人工控制系统                              (b) 自动控制系统

图 1-3    液位控制系统

向操纵蒸汽阀门,使进入系统的蒸汽量增大,以提高水温。

如果用自动控制器来取代操作者(人)的工作,那么要完成人工控制所需要完成的任务,就必须在系统中增加一个能够模仿人,并能完成整个操作过程所需要的判断与操作的装置,如图 1-4(b)所示。

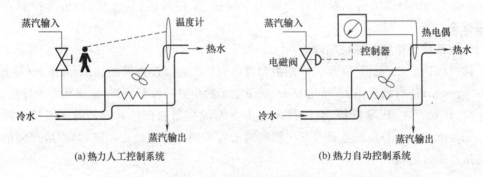

(a) 热力人工控制系统                          (b) 热力自动控制系统

图 1-4    热力系统的温度控制

图 1-4(b)所示的热力自动控制系统的特点如下。

(1) 用热电偶和控制器代替操作者对温度计的观察与判断。热电偶将温度变换成电信号输入给控制器,由控制器来判断温度是否与期望值(设定值)相同。

(2) 用电磁阀取代人对送气阀门进行操作。控制器将判断的结果送给电磁阀,以决定是关闭蒸汽阀门降低水温,还是打开蒸汽阀门增加水温。

这样当系统中增加了这些能模仿人进行判断和操作的控制设备后,这个热力系统就由人工控制变为自动控制。因此,一般来说,所谓的自动控制就是指在没有人直接参与的情况下,利用可以模拟人进行判断与操作的控制装置,对生产过程、工艺参数、目标要求等进行自动调节,使之按照某种预定的方案达到希望效果或期望目标的过程。

通过对例 1-1 的分析,可以总结出自动控制的一般规律。

(1) 所谓控制就是为了完成某种"目标"而采取的一整套的方法与步骤。而这些方法与步骤通常又包含了能够更好实现这些"目标"的最佳策略(控制方案)。

(2) 所谓控制往往是对一个动态(运动)过程所实施的动态监测与动态调节过程。一个过程如果没有变化(运动)也就无所谓控制。

因此,简单来说,所谓自动控制系统就是指能按照所设定的控制策略(或控制方案),自动完成某项工作任务,并达到预定目标的系统。

# 任务 1.2　太阳能抽水系统

## 【任务引入】

通过区别开环控制和闭环控制的基本概念,来了解开环控制系统和闭环控制系统的特点,从而步入自动控制技术的大门。

> 想一想:你身边有哪些开环控制系统,哪些闭环控制系统呢?

## 【学习目标】

(1) 理解开环控制与闭环控制的概念及特点。

(2) 理解按输入量对自动控制系统进行分类。

(3) 理解按系统中信号特点对自动控制系统进行分类。

(4) 了解其他的分类方式。

## 【任务分析】

从开环系统和闭环系统的基本概念和特点入手,来区别开环控制系统和闭环控制系统。

### 1.2.1　开环系统与闭环系统的概念和特点

按照信息传递路径的不同进行分类,控制系统可以分为开环系统、闭环系统和复合系统三种类型。这里只介绍开环系统和闭环系统。

**1. 开环系统(又称开环控制系统、无反馈系统)**

如果系统的输出量没有与其参考输入相比较,即系统的输出量与输入量间不存在反馈的通道,这种控制方式就称为开环控制(Open-loop Control)。图 1-5 所示为开环控制系统的框图。由图可见,这种控制系统的特点是结构简单、所用的元器件少、成本低。然而,由于这种控制系统既不对被控制量进行检测,又没有将被控制量反馈到系统的输入端和参考输入相比较,所以当系统受到某种干扰(Disturbance)作用后,被控制量一旦偏离了原有的平衡状态(Balanced State),系统没有自行消除或减小误差的功能,这是开环系统的最大缺点。正是这个缺点,大大限制了这种系统的应用范围。

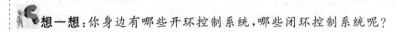

图 1-5　开环控制系统

## 【例 1-2】　太阳能抽水系统。

图 1-1 所示的太阳能抽水系统的工作原理并不复杂,白天太阳能收集器收集太阳能并通过太阳能—电能转换机组产生电能,以驱动电动机将地下水抽到蓄水池中储存

起来。但显而易见,这个控制过程只考虑了太阳能转换为电能并带动水泵抽水的过程,并没有考虑蓄水池的蓄水情况。因此,在天气持续晴好而无须每天灌溉的情况下,势必会存在水资源的浪费问题。如果把供给水泵的电流作为该系统的输入,而蓄水情况作为输出,则电流供给水泵抽水(输入)与其目标——蓄水情况(输出)之间没有关联。这样的自动控制过程就是所谓的开环控制,而实施这种控制方案的系统就是开环控制系统。

**2. 闭环系统(又称闭环控制系统、反馈控制系统)**

若把系统的被控制量反馈到它的输入端,并与参考输入相比较,这种控制方式就称为闭环控制(Closed-loop Control)。由于这种控制系统中存在着被控制量经反馈环节至比较点的反馈通道,故闭环控制又称反馈控制(Feedback Control)。闭环系统的特点是:连续不断地对被控制量进行检测,把所测得的值与参考输入作减法运算,求得的误差信号经控制器的变换运算和放大器的放大后,驱动(Drive)执行元件,以使被控制量能完全按照参考输入的要求去变化。这种系统如果受到来自系统内部或外部的干扰,通过闭环控制系统的作用,能自动消除或削弱干扰对被控制量的影响。由于闭环控制系统具有良好的抗扰动性能(Anti-interference Performance),因此在控制工程中得到了广泛的应用。

分析例 1-2 系统中存在的问题可知,造成这一问题的原因在于没有对蓄水池的蓄水情况进行监控。为了解决这一问题,可以考虑给蓄水池增加一个可以用于监视蓄水池水位变化的测量转换装置。它负责将蓄水池里的水位高低变换成电信号传送至控制装置,控制装置将该信号与给定的水位高度信号进行比较,然后将比较结果送给执行机构,由执行机构负责按控制装置送来的比较结果切断或连通太阳能电池与电动机之间的电力输送,以完成根据蓄水池水位情况来确定是抽水还是不抽水的节水方案。上述系统如图 1-2 所示。

与图 1-1 所示的系统相比,图 1-2 所示的系统中增加了水位传感器、控制装置和执行机构(驱动装置)。这些装置的作用如下。

(1) 水位传感器:负责检测蓄水池中水位的高低,并将检测到的结果变成电信号传送给控制装置。

(2) 控制装置:负责接收由水位传感器传送过来的水位检测信号,并将该信号与设定的水位信号进行比较,然后将比较结果作为控制信号传送给执行机构。

(3) 执行机构:也叫驱动装置,它负责接收控制器传送来的控制信号,并按照该控制信号切断或连通电池组与电动机之间的电力供应,确定电动机的运行状态。

在图 1-2 所示系统的控制方案中,电动机旋转与停转(抽水与不抽水)的运行状态完全抛开了天气因素,而只与蓄水池的蓄水情况有关。系统通过水位传感器将输出(蓄水)情况反馈给输入(设定水位高度)端,并通过比较结果来控制电动机运作。因此,这种控制方案被称为闭环控制,而实施这种控制方案的系统也就是闭环控制系统。

很明显,闭环控制方案虽然增加了系统设备的复杂程度,但却有效地解决了水资源的浪费问题。相比之下,闭环控制系统是具有一定"智慧与判断能力"的自动控制系统。

在工程实际中,控制系统因其工作环境、被控对象、变化规律不同,种类也不尽相同。因此,了解控制系统的各种类型,从而分门别类地掌握不同类型控制系统的具体规律,对于控制系统的分析和设计是很有必要的。

## 1.2.2　自动控制系统的分类

### 1. 按输入量的变化分类

（1）定值控制系统（又称恒值、镇定调节系统）

给定值为常值的控制系统称为定值控制系统。这种系统的任务是保证无论在任何扰动下,被控参数（输出）均保持恒定的、希望的数值。在过程控制系统中,一般都要求将过程参数（如温度、压力、流量、液位和成分等）维持在工艺给定的数值范围内。

（2）伺服系统（又称跟踪系统、随动系统）

给定值随时间任意变化的控制系统称为伺服系统（Servo System）。这种系统的任务是在各种情况下保证系统的输出以一定精度跟随参考输入的变化而变化,所以这种系统又称为跟踪系统。导弹发射架控制系统、雷达天线控制系统以及轮舵位置控制系统等都是典型的伺服系统。当被控制量为位置或角度时,伺服系统又称为随动系统。随动系统在工业和国防上有着极为广泛的应用,如船闸牵曳系统、机床刀架系统、雷达导引系统及机器人控制系统等。

（3）过程控制系统

过程控制系统（Process Control System）的特点是:输入量通常是随机变化的、不确定的,但要求系统的输出量在整个生产过程中保持恒值或按一定的程序变化。图1-6所示为蒸汽发电机的协调控制系统。

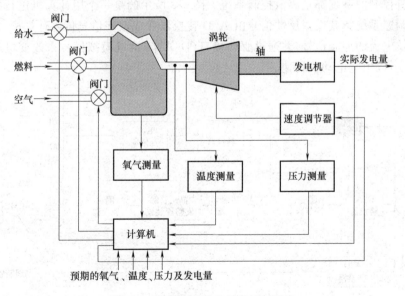

图1-6　蒸汽发电机的协调控制系统

---

想一想:在蒸汽发电机的协调系统控制系统中的哪些输入量是变化的?

### 2. 按系统中信号的作用特点分类

（1）连续控制系统

连续控制系统（Continuous Control System）的特点是：各元件的输入量与输出量都是连续量或模拟量，所以它又称为模拟控制系统（Analogue Control System）。连续控制系统的运动规律通常可以用微分方程来描述。图 1-7 所示即为一个用模拟量进行控制的双闭环直流调速系统。

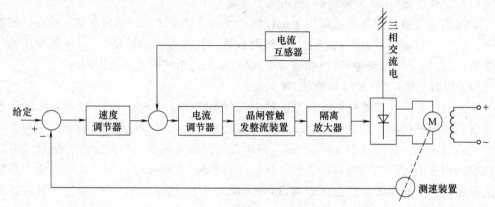

图 1-7　双闭环直流调速系统——连续控制系统

（2）离散控制系统

离散控制系统（Discrete Control System）又称采样数据系统（Sampled Date Control System）。它的特点是：系统中有的信号是脉冲序列或采样数据量或数字量。通常采用数字计算机控制的系统都是离散控制系统。图 1-8 所示的是一个用计算机进行控制的双闭环直流调速系统。其模拟反馈信号由 A/D 转换器变成数字信号传入计算机，由计算机完成速度及电流的控制信号，并通过驱动接口（D/A）转换成模拟信号来改变电动机两端的电压大小，以恒定电动机转速。

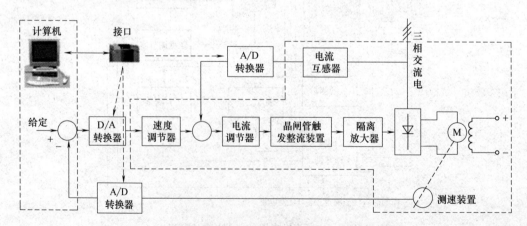

图 1-8　双闭环直流调速系统——离散（计算机）控制系统

想一想：在该系统中的哪些量是数字量，哪些量是模拟量？

**3. 按输出量和输入量之间的关系分类**

（1）线性控制系统

线性控制系统（Linear Control System）的特点是：系统全部由线性元件组成，它的输出量与输入量间的关系用线性微分方程进行描述。线性控制系统最重要的特性是可以应用叠加原理。叠加原理说明，两个不同的作用量同时作用于系统时的响应，等于两个作用量单独作用时其输出响应的叠加。

（2）非线性控制系统

非线性控制系统（Nonlinear Control System）的特点是：系统中存在非线性元件，如具有死区、出现饱和、含有库仑摩擦等具有非线性特性的元件。非线性系统不能应用叠加原理，但有一些方法可以将非线性系统处理成线性系统进行近似分析。

**4. 按系统中的参数对时间的变化情况分类**

（1）定常系统

定常系统（Time-invariant System）的特点是：系统的全部参数不随时间变化。实际生活中遇到的绝大多数系统都属于（或基本属于）这一类系统。

（2）时变系统

时变系统（Time-varying System）的特点是：系统中有的参数是时间的函数，它随时间变化而改变。例如宇宙飞船控制系统就是时变控制系统的一个例子（宇宙飞船飞行过程中，飞船内的燃料质量、飞船所受重力都在发生变化）。

当然，除了以上的分类外，还可以根据其他的条件进行分类。本书只讨论定常线性系统（主要讨论的是调速控制系统与随动控制系统）。

生产生活中的控制系统很多，但控制形式又各不相同，根据其控制方式可以把控制系统分为人工控制系统与自动控制系统，在自动控制系统中又可以根据其是否存在反馈环节把控制系统分为开环控制系统与闭环控制系统，在闭环控制系统中的反馈又可以分成正反馈与负反馈。

# 任务 1.3　自动孵化控制系统

**【任务引入】**

在生产生活中要使自动控制系统正常工作，对系统性能就要有一定的要求。例如恒温控制系统的要求为希望温度在设定的范围内变化，本任务通过自动孵化控制系统的自动调节过程来认识自动控制系统的性能指标。

> **想一想**：在自动孵化控制系统中哪个量为反馈量？是如何实现自动调节过程的？

**【学习目标】**

（1）了解闭环控制系统中正反馈与负反馈的作用。

（2）掌握控制系统的性能指标。

**【任务分析】**

通过对自动控制系统性能及其判断方法的学习,提出对自动控制系统性能的要求。

## 1.3.1　正反馈与负反馈

反馈(闭环)控制系统最重要的特征是系统的输入与输出之间存在反馈及反馈装置。反馈的概念在模拟电子电路中有所涉及,即反馈放大器有正反馈和负反馈之分。而在采用反馈(闭环)控制方案的自动控制系统中,类似的问题同样存在。一般可定义如下两个概念。

(1)正反馈:反馈环节测量并返回系统的输出信号,并以"加"的形式应用于控制器控制信号的计算当中。其特点表现为输入量与反馈量的作用相互增强,从而导致控制信号使输出量更偏离于期望的结果。

(2)负反馈:反馈环节测量并返回系统的输出信号,并以"减"的形式应用于控制器控制信号的计算当中。其特点表现为输入量与反馈量的作用相互削弱,从而导致控制信号使输出量更逼近于期望的结果。

**【例 1-3】**　用于孵化鸡蛋的孵卵器(Drebbel,1620 年设计)。

图 1-9 所示为 1620 年由 Cornelis Drebbel 所设计的一种能自动控制加热温度的孵卵器。火炉有一个箱子,用于围控火苗,箱子顶部设有通气管并安装了一个烟道挡板。火箱里面是双层隔板的孵卵箱,隔板间充满了水以均衡整个孵化室的受热。温度传感器是一个玻璃容器,里面装的是酒精和水银,安装在孵卵器周围的水套中。当火加热箱子和水的时候,由于酒精具有正温度效应,所以受热后酒精体积膨胀,将提升杆向上抬起,从而降低通气管上的烟道挡板,使火势减小,温度降低。如果孵卵箱过冷,则酒精体积收缩,提升杆下降将烟道挡板打开,火势变旺,以提供更多的热量。

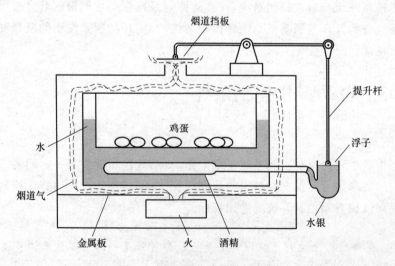

图 1-9　用于孵化鸡蛋的孵卵器

这个孵化设备的控制特点是:输入量(这里是火势的大小)与反馈量(温度)的作用是相互抵消的。其结果就是:当温度高过期望值时,输出量(火势)减小,温度降低。

想一想：在本例中,如果不改变孵化设备的装置结构,只是将温度传感器中具有正温度效应的酒精和水银换成具有负温度效应的某种液体,会发生什么现象呢?

比较例1-3中的两种反馈方式,可以总结出正反馈与负反馈控制的性能特点如下。

(1) 正反馈:反馈信号不是制约输入信号的活动,而是促进与加强输入信号的活动。正反馈的意义在于使控制目标处在不断加强的控制过程中。

(2) 负反馈:反馈信号与输入信号的作用相反,因此它可以纠正控制信号所出现的偏差效应。负反馈调节的主要意义在于维持控制目标的实现。

通常,如果输入量与反馈量不是相互抵消,而是相互加强的,那么对于自动控制系统来说,则不可能实现稳定的期望(输出)结果。所以,只有输入量与反馈量的作用相反的负反馈才能使自动控制系统按照预定方案达到人们所期望的控制目标,而这正是负反馈(闭环)控制系统的精髓所在。在不特别说明的情况下,自动控制系统一般都是指具有负反馈控制方案的闭环控制系统。

## 1.3.2　自动控制系统的性能要求

前文中介绍了自动控制系统,并从其定义中知道自动控制系统是能够模拟人的工作过程,对生产中出现的问题进行判断并加以解决的某种控制装置或控制设备。并由此得出结论,控制系统是可以完成某种人为规定任务的设备与装置。因此,如何完成任务以及如何更好地完成任务,就成为人们对自动控制系统所提出的最基本的期望和要求。对于一个实际的自动控制系统而言,无论这个自动控制系统所完成的任务是复杂还是简单,也不论这个系统完成这些任务采用何种实现策略(控制策略),对它的要求均可概括为自动控制系统的稳定性、快速性和准确性三个方面。

### 1. 自动控制系统的稳定性

对于任何自动控制系统来说,其首要条件必须是稳定地正常运行。不稳定的自动控制系统是无法工作的。所以稳定性是最基本的要求,不稳定的系统不能实现人们所预定或期望的任务,是没有工程应用价值的系统。

稳定性通常与自动控制系统的组成结构有关,而与外界因素无关,且对于不同类型的自动控制系统,其稳定性的内容也不尽相同。

对恒值系统来说,其稳定性要求一般是:当系统受到外部因素影响(扰动量作用)后,自动控制系统能完成自我调整,并在一定时间的调整后,系统能够自动回到原来的期望值。如对于调速控制系统,当电动机所带负载发生变化时,要求调速系统经过调整后,其输出转速能保持不变。

而对随动系统而言,其稳定性要求一般是:当系统受到外部因素影响或输入量突然发生变化时,自动控制系统的被控制量能始终跟踪输入量的变化。如雷达跟踪系统,无论其跟踪的飞机(输入量)是突然加速还是突然转弯,也不论它有没有释放干扰源,都要求雷达能准确跟踪该飞机。

因此,为了能够从理论上给出自动控制系统是否稳定的一般解释,通常定义如下:对于自动控制系统来说,若它的输入量或扰动量的变化是有界的,输出量也是有界(收敛)

的,则这样的自动控制系统就是稳定的;若它的输入量或扰动量的变化是有界的,而它的输出量是无界(发散)的,则这样的自动控制系统就是不稳定的。

如图 1-10 所示,在有界扰动作用下,图 1-10(a)所示系统的输出量经过一定时间的调整后又回到了原来的状态,这种情况就称为收敛,所以它是稳定的系统;而图 1-10(b)所示系统的输出量经过一段时间的调整后不仅没有回到原始状态,反而其幅值逐渐增大,这种情况就称为发散,所以它是不稳定的系统。

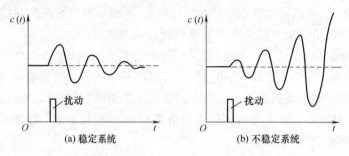

图 1-10　在有界扰动作用下系统输出量的变化情况

自动控制系统稳定性通常还包括以下两个方面的含义。

(1) 自动控制系统的绝对稳定:在任何有界的外部作用下,系统的输出量都必须是收敛的。

(2) 自动控制系统的相对稳定:当自动控制系统是绝对稳定时,其调节过程所反映出来的调整性能与系统的动态特性有关。

如图 1-11 所示,在有界扰动作用下,图 1-11(a)与图 1-11(b)所示系统都是稳定的。但比较而言,图 1-11(a)所示系统在调整过程中,其系统的输出量经过了较大的幅值变化和较长的时间才回到预定状态,所以就这两个系统的相对稳定性而言,图 1-11(b)所示系统要好于图 1-11(a)所示系统。

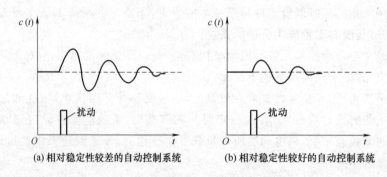

图 1-11　自动控制系统的相对稳定性

**2. 自动控制系统的动态特性(快速性)**

在实际控制过程中,不仅要求系统稳定,而且还要求系统的实际输出量(被控制量)能迅速跟上输入信号所发生的变化。比如,当踩下汽车油门时,人们总是希望汽车的行驶速度能迅速提高。但是,由于任何一个系统从一个稳定运行状态向另一个稳定运行状态发生变化时,中间都要经过一个能量传递与变化(过渡)的过程,也就是说这个系统工作状态的变化过程是需要花费时间才能完成的。从另一方面来说,由于系统组成结构不同,因此,其能量传递的过程以及能量传递的形式也会有所差别。那么,对于某个系统而言,完成这些工作状态变化过程的快慢(所花时间的长短),以及以哪种形式完成这些工作状态的变化,往往就成为衡量系统是否反应灵敏及如何反应的一个重要指标。所以,一个系统要经过多长时间才能跟上输入量的变化,又以哪种形式跟上输入量的变化,就是一般所讨论的系统快速性的主要内容,如图 1-12 所示。而由于这些问题通常发生在系统工作状态出现变化的过程中,因此一般可以将这类问题归于系统的动态特性。

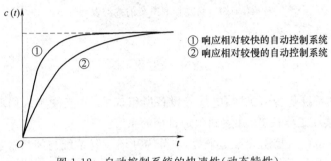

图 1-12　自动控制系统的快速性(动态特性)

**3. 自动控制系统的稳态特性(准确性)**

一个自动控制系统在平稳工作时,人们总是希望它的工作情况与预先设定好的期望值是百分之百吻合的。而实际情况往往是:由于系统中总是存在诸如机械摩擦、空气阻力等能量消耗因素,从而使系统的实际输出不可能与人们预先设定好的期望值(输入量)丝毫不差。因此,系统的实际输出与人们期望值之间存在的差别就是自动控制系统在平稳工作时需要考虑的又一个性能指标。由于这种指标反映了系统在平稳工作情况下对输入量进行跟踪的能力,因此,通常也称这种性能指标为自动控制系统的稳态特性或跟随(踪)性能。系统的稳态特性有如下两方面的内容。

(1) 稳态特性讨论系统实际输出与期望值之间存在的误差大小。系统在平稳工作情况下,其实际输出与期望输出(期望值)之间的差值被称为跟随误差,如图 1-13 所示。

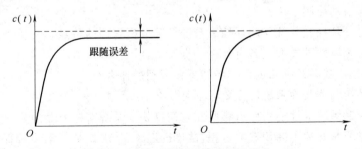

图 1-13　自动控制系统的跟随误差

(2) 稳态特性还讨论一个系统平稳工作时,在外部干扰的作用(如电网的电压或电流突然发生变化)下自动返回原始工作状态的能力。当干扰系统的外部因素消失后,如果系统不能回到原始的工作状态,则这种实际输出与期望输出之间存在的差值就被称为扰动误差,如图 1-14 所示。

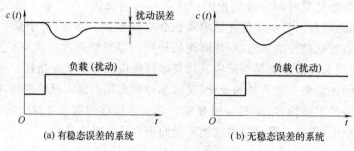

图 1-14　自动控制系统的扰动误差

# 小结

1. 自动控制系统是指由机械、电气等设备所组成的,并能按照人们所设定的控制方案,模拟人完成某项工作任务,并达到预定目标的系统。

2. 自动控制系统从控制方案上来说,可分为开环控制系统与闭环控制系统。开环控制系统具有结构简单、稳定性好的特点,但它不能模拟人来对自动控制系统的实际输出值与期望值进行监测、判断与调整。因此这种控制方案只适用于对系统稳态特性要求不高的场合。

3. 闭环控制系统由于设置了模拟人来监测实际输出与期望值有无偏差的检测装置(反馈环节)和对偏差进行调整的比较与控制装置,所以在系统结构上比开环控制系统复杂,但却极大地提高了自动控制系统的控制精度。同时,由于反馈环节的引入,也造成了系统稳定性变差等问题的出现。

4. 对自动控制系统性能指标的要求主要是稳定性、快速性和准确性。

# 本章习题

1. 什么是自动控制系统?

2. 什么是开环控制系统与闭环控制系统?试分析它们的特点。

3. 反馈分为哪两种类型?各有什么特点?

4. 恒值系统、随动系统和过程控制的主要区别是什么?

5. 线性系统与非线性系统的主要区别是什么?

6. 自动控制系统的性能指标有哪些?它们反映了系统哪些方面的要求?

7. 学习过程是知识不断积累的过程,试借助图 1-15 建立某一学习过程的反馈模型,并确定该系统中各个模块的内容。并判断学习过程应该属于哪种反馈。

8. 图 1-16 所示为一晶体管稳压电源电路图,试分别指出给定量、被控量、反馈量和扰动量。画出其系统组成框图,并分析其自动调节过程。

9. 图 1-17 所示为一仓库大门自动控制系统。试说明自动控制大门开启和关闭的工作原理。如果大门不能全开或全关,应该怎样进行调整?

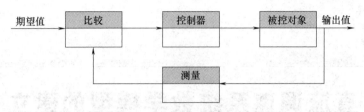

图 1-15    闭环反馈控制系统

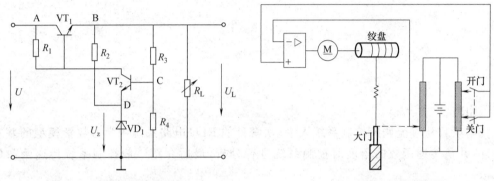

图 1-16    晶体管稳压电源电路　　　　　图 1-17    仓库大门控制系统

10. 在卷绕加工系统中,为了避免发生拉裂、拉伸变形或褶皱等不良现象,通常使被卷物的张力保持在某个规定数值上,这就是恒张力控制系统。在如图 1-18 所示的恒张力控制系统中,右边是卷绕驱动系统,由它以恒定的线速度卷绕被卷物(如纸张等)。右边的速度检测器提供反馈信号以使驱动系统保持恒定的线速度。左边的开卷筒与电气制动器相连,以保持一定的张力。为了保持恒定的张力,被卷物绕过一个浮动的滚筒,滚筒具有一定的重量,滚筒摇臂的正常位置是水平位置。

在实际运行中,因为外部扰动、被卷物的不均匀及开卷筒有效直径的减少而使张力发生变化时,滚筒摇臂便无法保持水平位置,这时通过偏角检测器测出偏角位移量,并将其转换成电压信号,与给定输入量比较,两者的偏差电压经放大后控制电气制动器。试画出该系统的组成框图,并分析因外部扰动而使张力减小时整个系统的自动调节过程。

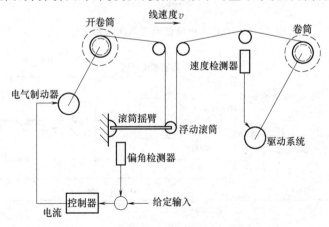

图 1-18    卷绕加工的恒张力控制系统

# 项目 **2**

# 直流调速系统数学模型的建立

**引言**

本项目从直流调速控制系统入手,从常见的 RLC 电路系统中学习数学模型的基本概念,并从传递函数的角度对控制系统进行分析,最后介绍一般控制系统传递函数的求取。

在工业控制中,龙门刨床速度控制系统就是按照反馈控制原理进行工作的,通常,当龙门刨床加工表面不平整时,负载就会有很大波动,但是为了保证加工的精度和表面光洁度,一般不允许刨床速度变化过大,因此必须对速度进行控制。图 2-1 是利用速度反馈对刨床速度进行自动控制的原理示意图,图 2-2 是系统框图。

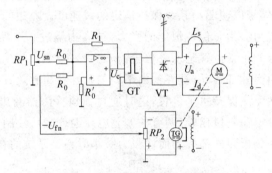

图 2-1　具有转速负反馈的直流调速系统原理图

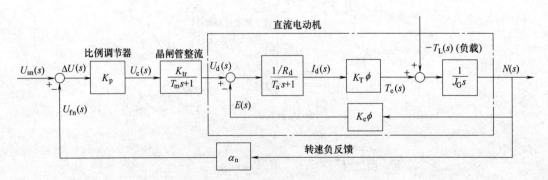

图 2-2　具有转速负反馈直流调速系统的系统框图

想一想：图 2-1 和图 2-2 存在什么样的联系呢？

# 任务 2.1　串联谐振电路数学模型的建立

## 【任务引入】

数学模型是用来描述自动控制系统工作过程或运动规律本质的一种科学语言。这种语言以微分方程为基础，以拉普拉斯变换为求解工具。因此，为了更好地解释自动控制系统的工作过程或运动规律，人们利用拉普拉斯变换，引入了传递函数这一经典概念，并从这一概念出发，建立了对自动控制系统进行定量分析的经典控制理论。而了解和掌握必要的理论知识是对一切自动控制函数进行性能分析的基础和出发点。

研究一个控制系统，除了对系统进行定性分析外，还必须对其进行定量分析，进而探讨改善系统性能的途径及其具体方法。数学模型是描述系统各变量之间关系的数学表达式，既定性又定量地描述了整个系统的动态过程。所以，要分析和研究一个控制系统的动态特性，就必须先找出系统的数学模型。

想一想：图 2-3 中如何能够准确地找到输入与输出的关系呢？

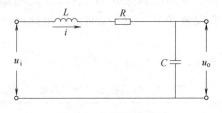

图 2-3　串联谐振电路

## 【学习目标】

（1）理解拉普拉斯变换的定义。

（2）掌握拉普拉斯变换的主要定理。

（3）学会查拉普拉斯变换对照表。

（4）理解数学模型的概念。

（5）了解传递函数的概念及性质。

（6）掌握传递函数的几种求取方法。

## 【任务分析】

拉普拉斯变换（简称拉氏变换）是一种函数的变换，经变换后，可将微分方程式变换成代数方程式，从而使微分方程求解的过程大为简化。

在经典控制理论中，常用的数学模型有微分方程、传递函数和系统框图等。它们反映了系统的输出量与输入量和内部各种变量间的关系，也反映了系统的内在特征。它们是经典控制理论进行时域分析、频域分析和根轨迹法分析的基础。一般可以通过解析法和实验法来建立数学模型。

## 2.1.1　拉普拉斯变换

### 1. 拉普拉斯变换的定义

若将实变量 $t$ 的函数 $f(t)$，乘以指数函数 $e^{-st}$（其中 $s=\sigma+j\omega$，是一个复变数），再在 $t$ 从 0 到 $\infty$ 区间对 $t$ 进行积分，就得到一个新的函数 $F(s)$。$F(s)$ 称为 $f(t)$ 拉氏变换式，并可用符号 $L[f(t)]$ 表示。

$$F(s) = L[f(t)] = \int_0^\infty f(t)e^{-st}\,dt \tag{2-1}$$

式(2-1)称为拉氏变换的定义，条件是式中等号右边的积分存在（收敛）。

由于 $\int_0^\infty f(t)e^{-st}\,dt$ 是一个定积分，$t$ 将在新函数中消失。因此，$F(s)$ 只取决于 $s$，它是复变量 $s$ 的函数，这就意味着拉氏变换将原来的实变量函数 $f(t)$ 转化为复变量函数 $F(s)$。

拉氏变换是一种单值变换，$f(t)$ 和 $F(s)$ 之间具有一一对应的关系，通常称 $f(t)$ 为原函数，$F(s)$ 为象函数。

### 2. 拉普拉斯变换对照表

一般来说，用拉普拉斯变换的定义来求取原函数或者象函数是一个十分复杂的运算过程。因此，在工程应用中，往往是借助拉普拉斯函数变换对照表，并通过简单的函数分解，将原函数分解成表中所列的标准函数式样，然后利用拉普拉斯变换的运算定理，并通过查表的方法来求取象函数。反之，也可以用同样的方法来求取象函数的原函数。

常用函数的拉普拉斯变换对照表如表 2-1 所示。

表 2-1　拉普拉斯变换对照表

| 序　号 | 原函数 $f(t)$ | | 象函数 $F(s)$ |
| --- | --- | --- | --- |
| | 函　数　名 | 函数表达式 | |
| 1 | 单位脉冲函数 | $\delta(t)$ | 1 |
| 2 | 单位阶跃函数 | $1(t)$ | $\dfrac{1}{s}$ |
| 3 | 单位指数函数 | $e^{-at}$ | $\dfrac{1}{s+a}$ |
| 4 | 幂函数 | $t^n$ | $\dfrac{n!}{s^{n+1}}$ |
| 5 | 复合函数 | $te^{-at}$ | $\dfrac{1}{(s+a)^2}$ |
| 6 | 复合函数 | $t^n e^{-at}$ | $\dfrac{n!}{(s+a)^{n+1}}$ |

续表

| 序　号 | 原函数 $f(t)$ | | 象函数 $F(s)$ |
| --- | --- | --- | --- |
| | 函数名 | 函数表达式 | |
| 7 | 单位正弦函数 | $\sin\omega t$ | $\dfrac{\omega}{s^2+\omega^2}$ |
| 8 | 单位余弦函数 | $\cos\omega t$ | $\dfrac{s}{s^2+\omega^2}$ |
| 9 | 复合函数 | $\mathrm{e}^{-at}\cos\omega t\cos\omega t$ | $\dfrac{s+a}{(s+a)^2+\omega^2}$ |
| 10 | 复合函数 | $1-\dfrac{1}{\sqrt{1-\xi^2}}\mathrm{e}^{-\xi\omega_n t}\sin(\omega_{\mathrm d}t+\varphi)$ $\omega_{\mathrm d}=\sqrt{1-\xi^2}\,\omega_n$ $\varphi=\arctan\dfrac{\sqrt{1-\xi^2}}{\xi^2}$ | $\dfrac{\omega_n^2}{s(s^2+2\xi\omega_n s+\omega_n^2)},0<\xi<1$ |

**3. 拉普拉斯变换的主要定理**

在应用拉氏变换时,常需要借助拉氏变换运算定理,这些运算定理都可以通过拉氏变换定义加以证明,现在分别叙述如下。

（1）叠加定理

两个函数代数和的拉普拉斯变换等于两个函数拉普拉斯变换的代数和,即

$$L[f_1(t)\pm f_2(t)]=L[f_1(t)]\pm L[f_2(t)] \tag{2-2}$$

（2）比例定理

$K$ 倍原函数的拉普拉斯变换等于原函数的拉普拉斯变换的 $K$ 倍,即

$$L[Kf(t)]=KL[f(t)] \tag{2-3}$$

（3）微分定理

在零初始条件下,即 $f(0)=f'(0)=\cdots=f^{(n-1)}(t)=0$,则有

$$L[f^{(n)}(t)]=s^n L[f(t)] \tag{2-4}$$

式(2-4)表明:在初始条件为零的前提下,原函数 $n$ 阶导数的拉普拉斯变换等于其原函数的象函数乘以 $s^n$。这就使得函数的微分运算变得十分简单,它反映了拉普拉斯变换能将微分运算转换成代数运算的依据,因此微分定理是一个十分重要的定理。

（4）积分定理

在零初始条件下,即 $\displaystyle\int f(t)\mathrm dt\,|_{t=0}=\iint f(t)\mathrm dt^2\,|_{t=0}=\cdots=\underbrace{\int\cdots\int}_{n-1}f(t)\mathrm dt^{(n-1)}\,|_{t=0}=0$,

则有

$$L\left[\underbrace{\int\cdots\int}_{n-1}f(t)\mathrm dt^n\right]=\frac{L[f(s)]}{s^n} \tag{2-5}$$

式(2-5)表明:在初始条件为零的前提下,原函数 $n$ 重积分的拉普拉斯变换等于其原函数的象函数除以 $s^n$。它是微分的逆运算,与微分定理一样,也是一个十分重要的定理。

（5）延迟定理

当原函数 $f(t)$ 延迟了 $\tau$，即成为 $f(t-\tau)$ 时，它的拉普拉斯变换为

$$L[f(t-\tau)]=\mathrm{e}^{-\tau}L[f(t)] \tag{2-6}$$

（6）终值定理

$$\lim_{t\to\infty}f(t)=\lim_{s\to 0}(s\times L[f(t)]) \tag{2-7}$$

式（2-7）表明：原函数在时间 $t\to\infty$ 时的终值（稳态值），可以通过其象函数在复数变量 $s\to 0$ 时的极限求得。终值定理在自动控制系统的分析中是非常有用的一个定理。

## 2.1.2　数学模型与传递函数

### 1. 数学模型的概念

微分方程是自动控制系统数学模型的基本形式，传递函数、框图都可由它演化而来。用分析法列写系统或元件的微分方程的一般步骤如下。

（1）根据元件的工作原理及其在控制系统中的作用，确定其输入量和输出量。

（2）分析元件工作中所遵循的物理规律或化学规律，列写相应的微分方程。

（3）消去中间变量，得到输出量与输入量之间关系的微分方程，便是元件时域的数学模型。一般情况下，应将微分方程写为标准形式，即与输入量有关的项写在方程的右端，与输出量有关的项写在方程的左端，方程两端变量的导数项均按降幂排列。

下面举例说明建立微分方程的步骤和方法。

【例 2-1】 列写图 2-3 所示的串联谐振电路的微分方程。

解：① 确定电路的输入量和输出量。$u_\mathrm{i}$ 为输入量，$u_\mathrm{o}$ 输出量。

② 依据电路所遵循的电学基本定律列写微分方程。设回路电流为 $i$，依基尔霍夫定律，则有

$$Ri+L\frac{\mathrm{d}i}{\mathrm{d}t}+\frac{1}{C}\int i\mathrm{d}t=u_\mathrm{i} \tag{2-8}$$

$$u_\mathrm{o}=\frac{1}{C}\int i\mathrm{d}t \tag{2-9}$$

③ 消去中间变量，得到 $u_\mathrm{i}$ 与 $u_\mathrm{o}$ 关系的微分方程。

可以看出，要得到输入、输出关系的微分方程，得消去中间变量 ，由式（2-9）得 $i=C\dfrac{\mathrm{d}u_\mathrm{o}}{\mathrm{d}t}$，代入式（2-8），经整理后可得输入输出关系为

$$LC\frac{\mathrm{d}^2u_\mathrm{o}(t)}{\mathrm{d}t^2}+RC\frac{\mathrm{d}u_\mathrm{o}(t)}{\mathrm{d}t}+u_\mathrm{o}(t)=u_\mathrm{i}(t) \tag{2-10}$$

这是一个线性常系数二阶微分方程，它就是图 2-3 电路的数学模型。

【例 2-2】 设有一个弹簧-物体-阻尼器组成的机械系统。其原理如图 2-4 所示。试列出系统输入、输出关系的微分方程。其中，$K$ 是弹簧的弹性系数，$m$ 是物体的质量，$f$ 是阻尼器粘性摩擦系数。

解：① 确定输入、输出量。外力作用为输入量，物体的位移 $y(t)$ 为输出量。

② 写出原始的微分方程。

在机械平移系统中 $F(t)$，应遵循牛顿第二定律，即

$$ma = \sum F \tag{2-11}$$

式中：$a$ 为物体运动的加速度，$a = \dfrac{\mathrm{d}^2 y}{\mathrm{d}t^2}$；$\sum F$ 为所有作用于物体上作用力的总和。

根据对物体 $m$ 的受力分析得

$$\sum F = F - F_B - F_K$$

式中：$F_B$ 为阻尼器的粘性摩擦力，它和物体的移动速度成正比，即 $F_B = f\dfrac{\mathrm{d}y}{\mathrm{d}t}$；$F_K$ 为弹簧的弹力，它与物体的位移成正比 ，即 $F_K = Ky$。

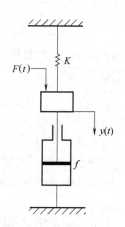

图 2-4　弹簧-物体-阻尼器机械系统

将以上各式代入式(2-11)两端得 $m\dfrac{\mathrm{d}^2 y}{\mathrm{d}t^2} = F - f\dfrac{\mathrm{d}y}{\mathrm{d}t} - Ky$

整理后得

$$m\dfrac{\mathrm{d}^2 y}{\mathrm{d}t^2} + f\dfrac{\mathrm{d}y}{\mathrm{d}t} + Ky = F \tag{2-12}$$

这也是一个线性常系数二阶微分方程。与例 2-1 相比，例 2-1 是电的系统，例 2-2 是机械位移系统，两个不相同的物理系统，却具有相同形式的微分方程，即有相同形式的数学模型。由于微分方程是描述系统动态特性的方程，只要运动特性一样，则其数学模型完全一样，即数学模型与系统不是一一对应的。我们把具有相同数学模型的不同系统称为相似系统，对应相同位置的物理量称为相似量。图 2-3 和图 2-4 所示的两个系统是相似系统，式(2-10)中的变量 $u_o$ 及参数 $LC$、$RC$ 与式(2-12)中的变量 $y$ 及参数 $m$、$f$ 是对应的相似量。

数学模型对系统的研究提供了有效的数学工具。相似系统揭示了不同物理现象之间的相似关系，利用相似系统的概念可以用一个易于实现的系统来研究与其相似的复杂系统。根据相似系统的理论出现了仿真研究法。

【例 2-3】　求图 2-5 所示有源网络的微分方程。

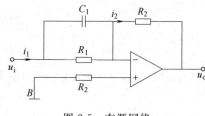

图 2-5　有源网络

解：① 确定输入量与输出量。输入量为 $u_i(t)$，输出量为 $u_o(t)$。

② 列原始微分方程。放大器工作时 $u_B \approx 0$（称 $B$ 点为虚地），故 $i_1 = i_2$。根据电流定律有

$$C_1\dfrac{\mathrm{d}u_i}{\mathrm{d}t} + \dfrac{u_i}{R_1} = -\dfrac{u_o}{R_2}$$

整理后得

$$\dfrac{\mathrm{d}u_i}{\mathrm{d}t} + \dfrac{1}{R_1 C_1}u_i = -\dfrac{1}{R_2 C_1}u_o \tag{2-13}$$

微分方程为一阶线性常系数微分方程。

【例 2-4】　列写图 2-6 所示他励直流电动机在电枢控制情况下的微分方程。

解：① 确定输入量与输出量。输入量为 $u_d(t)$，输出量为电动机转速 $\omega(t)$。

② 列原始微分方程。电动机电枢回路的电压平衡方程式为

$$L\frac{\mathrm{d}i}{\mathrm{d}t}+iR+e=u_\mathrm{d} \qquad (2\text{-}14)$$

式中：$L$、$R$ 为电枢回路的电感（H）和电阻（Ω）。

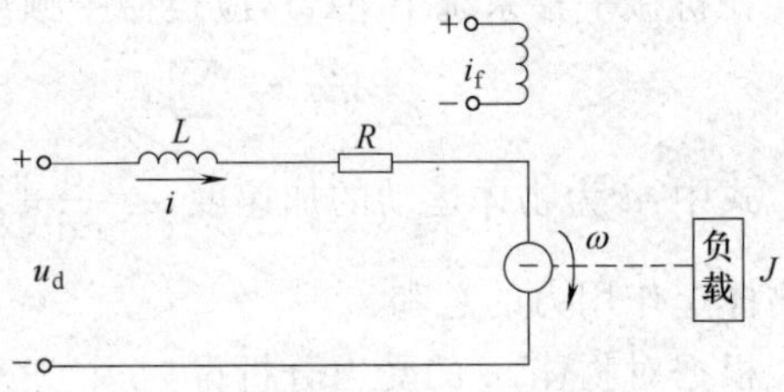

图 2-6　直流电动机电枢回路

反电势 $e$ 为

$$e=C_\mathrm{e}\omega \qquad (2\text{-}15)$$

式中：$C_\mathrm{e}$ 为电动机电势常数，单位为 V·s/rad（伏·秒/弧度）。

电动机的电磁转矩为

$$M_\mathrm{m}=C_\mathrm{m}\cdot i_\mathrm{a} \qquad (2\text{-}16)$$

式中：$C_\mathrm{m}$ 为电动机转矩常数，单位为 N·m/A（牛顿·米/安培）。

电动机轴上的动力学方程（牛顿运动定律），在理想空载情况下，有

$$M_\mathrm{m}=J\frac{\mathrm{d}\omega}{\mathrm{d}t} \qquad (2\text{-}17)$$

式中：$J$ 为转动部分折合到电动机轴上的总转动惯量。

③ 消去三个中间变量 $e,i,m$，推导得出输入量 $u_\mathrm{d}(t)$ 与输出量 $\omega(t)$ 之间的关系为

$$\frac{L}{R}\cdot\frac{JR}{C_\mathrm{e}C_\mathrm{m}}\cdot\frac{\mathrm{d}^2\omega}{\mathrm{d}t^2}+\frac{JR}{C_\mathrm{e}C_\mathrm{m}}\cdot\frac{\mathrm{d}\omega}{\mathrm{d}t}+\omega=\frac{u_\mathrm{d}}{C_\mathrm{e}}$$

若令

$$T_\mathrm{a}=\frac{L}{R},\ T_\mathrm{m}=\frac{JR}{C_\mathrm{e}C_\mathrm{m}}$$

它们的单位都为 s，分别称为电动机回路的电磁时间常数和机电时间常数。则上式可写成

$$T_\mathrm{a}T_\mathrm{m}\frac{\mathrm{d}^2\omega}{\mathrm{d}t^2}+T_\mathrm{m}\frac{\mathrm{d}\omega}{\mathrm{d}t}+\omega=\frac{u_\mathrm{d}}{C_\mathrm{e}}$$

由此可见，电枢电压控制的直流电动机的数学模型是一个二阶线性常系数微分方程。当系统进入稳态时，即当 $t\rightarrow\infty$ 时

$$\frac{\mathrm{d}^2\omega}{\mathrm{d}t^2}=\frac{\mathrm{d}\omega}{\mathrm{d}t}=0$$

因此

$$\frac{\omega(\infty)}{u_\mathrm{d}(\infty)}=\frac{1}{C_\mathrm{e}} \qquad (2\text{-}18)$$

这就是电枢电压控制的直流电动机的静态数学模型，$1/C_\mathrm{e}$ 是输入与输出之间的稳态增益，也称放大系数。

**2. 传递函数的概念及性质**

传递函数是经典控制理论中最重要的数学模型，也是最基本的概念之一。经典控制理论的主要研究方法——频率法和根轨迹法都是建立在传递函数的基础上的。在以后的分析中可以看到，利用传递函数不必求解微分方程就可研究初始条件为零的系统在输入信号作用下的动态过程。利用传递函数还可研究系统参数变化或结构变化对动态过程的影响，因此使分析系统的问题大为简化。另一方面，还可以把对系统性能的要求转化为对系统传递函数的要求，使综合设计的问题易于实现。由于传递函数的重要性，有必要对此

进行深入研究。

传递函数的基本概念:线性定常系统的传递函数,定义为零初始条件下,系统输出的拉氏变换与输入的拉氏变换之比。

线性微分方程的一般形式为

$$a_n \frac{\mathrm{d}^n c(t)}{\mathrm{d}t^n} + a_{n-1} \frac{\mathrm{d}^{n-1} c(t)}{\mathrm{d}t^{n-1}} + \cdots + a_1 \frac{\mathrm{d}c(t)}{\mathrm{d}t} + a_0 c(t)$$

$$= b_m \frac{\mathrm{d}^m r(t)}{\mathrm{d}t^m} + b_{m-1} \frac{\mathrm{d}^{m-1} r(t)}{\mathrm{d}t^{m-1}} + \cdots + b_1 \frac{\mathrm{d}r(t)}{\mathrm{d}t} + b_0 r(t) \tag{2-19}$$

式中:$r(t)$,$c(t)$分别为输入量和输出量,一般 $n \geqslant m$。

设 $R(s) = L[r(t)]$,$C(s) = L[c(t)]$,在初始条件为零时,对式(2-19)进行拉氏变换(应用了微分定理)可得:

$$(a_n s^n + a_{n-1} s^{n-1} + \cdots + a_1 s + a_0) C(s) = (b_m s^m + b_{m-1} s^{m-1} + \cdots + b_1 s + b_0) R(s)$$

则令

$$G(s) = \frac{C(s)}{R(s)} = \frac{b_m s^m + b_{m-1} s^{m-1} + \cdots + b_1 s + b_0}{a_n s^n + a_{n-1} s^{n-1} + \cdots + a_1 s + a_0} \tag{2-20}$$

把 $G(s)$ 称为传递函数。

【例 2-5】　求例 2-3 中 RLC 串联电路的传递函数 $\dfrac{U_o(s)}{U_i(s)}$。

解:RLC 串联电路的微分方程用式(2-10)表示为

$$LC \frac{\mathrm{d}^2 u_o(t)}{\mathrm{d}t^2} + RC \frac{\mathrm{d}u_o(t)}{\mathrm{d}t} + u_o(t) = u_i(t)$$

在零初始条件下,对上述方程中各项求拉氏变换,并令

$$U_o(s) = L[u_o(t)], \quad U_i(s) = L[u_i(t)]$$

可得 $s$ 的代数方程为

$$(LC s^2 + RC s + 1) U_o(s) = U_i(s)$$

由传递函数定义,得系统传递函数为

$$G(s) = \frac{U_o(s)}{U_i(s)} = \frac{1}{LC s^2 + RC s + 1} \tag{2-21}$$

由传递函数的定义及其自身特有形式可知,传递函数有如下性质。

① 传递函数是复变量 $s$ 的有理真分式函数,即 $n \geqslant m$,且所有系数均为实数。

② 传递函数只取决于系统和元件的结构,与外作用形式无关。

③ 传递函数的拉氏变换是系统的单位脉冲响应。单位脉冲响应 $g(t)$ 是系统在单位脉冲函数 $\delta(t)$ 输入时的响应。因为单位脉冲函数的拉氏变换为

$$R(s) = L[\delta(t)] = 1$$

因此,系统的输出

$$C(s) = G(s) R(s)$$

而 $G(s)$ 的拉氏反变换即为脉冲响应 $g(t)$,正好等于传递函数的拉氏反变换。即

$$g(t) = L^{-1}[C(s)] = L^{-1}[G(s)]$$

④ 传递函数是在零初始条件下定义的,因此它不能反映在非零初始条件下系统的运

动情况。

⑤ 传递函数只适合于线性定常系统,因为它是由线性常系数微分方程经拉氏变换得到的,而拉氏变换是一种线性积分变换。

**3. 传递函数的求取**

自动控制系统是由若干元件组成的,这些元件从物理结构及作用原理上来看,是各不同的,但从动态性能或数学模型来看,却可分成为数不多的基本环节,这就是典型环节。不同的物理系统可以是同一环节,同一物理系统也可能成为不同的环节,这是与描述它们动态特性的微分方程相对应的。总之典型环节是从数学模型上来划分的,就是按元件的动态特性来划分。这种划分给系统的分析和研究带来很大方便,可着重突出元件的动态性能。

一般任意复杂的传递函数都可以写成如下形式:

$$G(s) = \frac{K \prod_{i=1}^{m_1} (\tau_i s + 1) \prod_{k=1}^{m_2} (\tau_k^2 s^2 + 2\xi_k \tau_k s + 1)}{s^v \prod_{j=1}^{n_1} (T_j s + 1) \prod_{l=1}^{n_2} (T_l^2 s^2 + 2\xi_l T_l s + 1)} \tag{2-22}$$

我们可以把上式看成一系列形如 $K$、$\tau_i s + 1$、$\tau_k^2 s^2 + 2\xi_k \tau_k s + 1$、$\dfrac{1}{s}$、$\dfrac{1}{T_j s + 1}$、$\dfrac{1}{T_l^2 s^2 + 2\xi_l T_l s + 1}$ 的基本因子的乘积,这些基本因子就叫典型环节。所有系统的传递函数都是由这样的典型环节组合起来的。

# 任务 2.2　运算放大器和常用调节器的传递函数

## 【任务引入】

一个复杂的系统都是由若干个典型环节组合而成的。典型实物自动控制系统,大多是由常用部件构成的,因此,典型环节的传递函数和功能框图是研究实物控制系统的重要内容。这里首先介绍常用部件的传递函数,以便在后面的篇章中能够顺利地建立各个典型自动控制系统的数学模型。

运算放大器电路如图 2-7 所示。

根据运算放大器的两个重要法则可得

$$\frac{U_i(s)}{Z_0(s)} = -\frac{U_o(s)}{Z_f(s)}$$

故运算放大器的传递函数为

$$G(s) = -\frac{U_o(s)}{U_i(s)} = -\frac{Z_f(s)}{Z_0(s)} \tag{2-23}$$

由式(2-23)可见,选择不同的输入回路阻抗 $Z_0$ 和反馈阻抗 $Z_f$,就可以组成各种不同的传递函数。这是传递函数的优点,应用这一优点,可以组成各种调节器

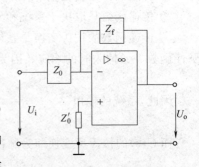

图 2-7　运算放大器电路

和各种模拟电路。

> 想一想：图 2-7 中如果改变输入反馈阻抗会对传递函数产生什么样的影响?

**【学习目标】**

（1）了解 MATLAB 仿真。

（2）理解运动规律和数学模型的共性。

（3）掌握典型环节的传递函数。

（4）学会用 MATLAB 对典型环节进行仿真。

**【任务分析】**

一个物理系统是由许多元件组合而成的。虽然各种元件的具体结构和作用原理是多种多样的,但若抛开具体结构和物理特点,研究其运动规律和数学模型的共性,就可以分为几个典型环节。这些典型环节是:比例环节、积分环节、微分环节、惯性环节和振荡环节。典型环节是按数学模型的共性划分的,它和具体元件不一定是一一对应的。换句话说,典型环节只代表一种特定的运动规律,不一定是一种具体的元件。

在制动控制系统中最常用的就是调节器了,下面以典型的运算放大器为例来分析其传递函数、功能框图和特点。

## 2.2.1　比例环节传递函数与 MATLAB 仿真

### 1. 比例（P）调节器

比例调节器电路图如图 2-8 所示。

由图 2-8 可见,流经 A 点的电流按基尔霍夫定律有

$$i_0 + i_f = i'$$

$$\frac{U_i - U_A}{R_0} + \frac{U_o - U_A}{R_1} = i'$$

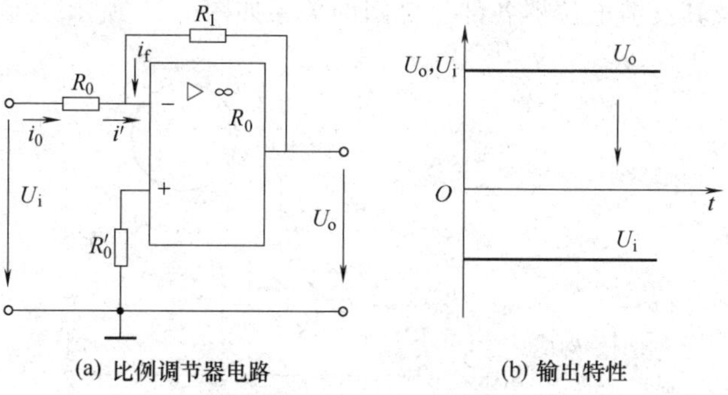

(a) 比例调节器电路　　　　　　(b) 输出特性

图 2-8　比例调节器电路及其输出特性

考虑到运算放大器的开环增益很大（$10^5$ 以上）,A 点电位与输出的电位相比其值极小,近似把 A 点电位看成零电位（即虚地）,即 $U_A = 0$;同时考虑到运算放大器输入阻抗很大（MΩ 级）,$i'$ 可看成零,即 $i' = 0$。于是上式可以写成

$$i_0 + i_f = 0, \quad \frac{U_i}{R_0} + \frac{U_o}{R_1} = 0$$

由上式有

$$U_o = -\frac{R_1}{R_0} U_i$$

传递函数为

$$G(s) = \frac{U_o(s)}{U_i(s)} = -\frac{Z_f(s)}{Z_0(s)} = -\frac{R_1}{R_0} = K \tag{2-24}$$

式中增益 $K = -\dfrac{R_1}{R_0}$。

由式(2-24)可知,比例调节器的输出电压与输入电压成正比。其输出量能够立即响应输入量的变化。式中的负号是由于反向输入所致。比例调节器的阶跃响应特性如图 2-12(b)所示。

在自动控制系统中,比例调节器常用于调节(增大或减小)系统的增益,有时也用作反相器或信号隔离等。

一般任意比例环节又称放大环节,它的特点是输出不失真、不延迟、成比例地复现输入信号的变化。

**2. 常见的其他比例环节**

(1) 电位器

电位器是一种把线位移或角位移变换为电压的装置。如图 2-9 所示为电位器的原理示意图。

令 $U(s) = L[u(t)]$,$\Theta(s) = L[\theta(t)]$,则可求得电位器传递函数为

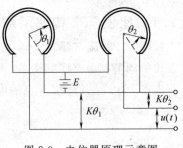

$$G(s) = \frac{U(s)}{\Theta(s)} = K$$

图 2-9　电位器原理示意图

(2) 测速发电动机

测速电动机及其反馈电位器各部分之间的关系如图 2-10 所示。

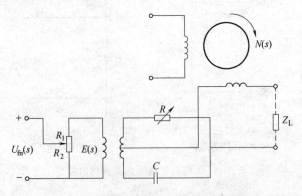

图 2-10　测速电动机及其反馈电位器

测速电动机将他励直流电动机的转速 $n$ 转换为感生电动势 $e$,其感生电动势 $e$ 与电动机转速 $n$ 成正比,即有

$$E(s) = K_n N(s)$$

反馈电位器是将测速电动机所产生的感生电动势 $e$ 进行分配,转换成可以与给定电压进行比较的反馈电压,即有

$$U_{fn}(s) = \frac{R_2}{R_1 + R_2} E(s)$$

选择输入量为电动机转速 $N(s)$,输出量为反馈电压 $U_{fn}(s)$,则有

$$U_{fn}(s) = \frac{R_2}{R_1 + R_2} E(s) = \frac{R_2}{R_1 + R_2} \times K_n N(s) = \alpha N(s)$$

整理后,得到测速电动机及其反馈电位器的传递函数为

$$\frac{U_{fn}(s)}{N(s)} = \alpha \tag{2-25}$$

**3. 数学表达式、传递函数及功能框图**

由以上几个典型的比例环节,可以得出比例环节的数学表达式、传递函数及功能框图如下。

(1) 数学表达式

$$y(t) = kx(t)$$

式中:$y(t)$ 为输出量,$x(t)$ 为输入量,$k$ 为比例系数。

(2) 传递函数

$$G(s) = \frac{Y(s)}{X(s)} = K$$

(3) 功能框图

功能框图如图 2-11 所示。

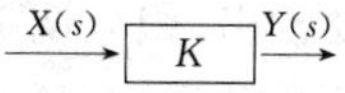

图 2-11　比例环节功能框图

**4. MATLAB 仿真**

由 Simulink 仿真结果可以得出比例环节输入与输出之间存在以下特点:有输入就立即有输出;输入与输出成正比例;输入为零,输出也为零,如图 2-12 所示。

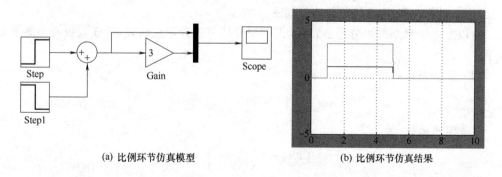

(a) 比例环节仿真模型　　　　　　　　(b) 比例环节仿真结果

图 2-12　比例环节 Simulink 仿真模型及仿真结果

## 2.2.2　积分环节传递函数与 MATLAB 仿真

**1. 积分(I)调节器**

积分调节器的电路如图 2-13(a)所示。

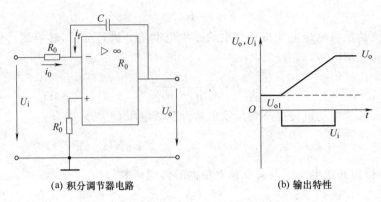

(a) 积分调节器电路          (b) 输出特性

图 2-13   积分调节器电路及其输出特性

传递函数为

$$G(s) = \frac{U_o(s)}{U_i(s)} = -\frac{Z_f(s)}{Z_0(s)} = -\frac{\dfrac{1}{Cs}}{R_0} = -\frac{1}{R_0 Cs} = -\frac{1}{Ts} \qquad (2\text{-}26)$$

式中：积分时间常数 $T = R_0 C$。

由图 2-13(b)分析可知，当输入量保持不变时，输出量随着时间直线上升，当输入量消失后，其输出量不是下降为零，而是维持在前一时刻的数值上，积分环节的这个特性可以用来消除系统偏差。若要使积分调节器输出量下降，必须输入与原输入量极性相反的信号。所以，在自动控制系统中，当系统要求完全消除稳态误差时，常采用积分环节。

可以看出，积分调节器与比例调节器的输出特性有很大不同：比例调节器的输出完全取决于输入量的"现状"；而积分调节器的输出，则不是取决于输入量的"现状"，而是取决于输入量对时间的积累过程(即其"历史")，而且还和初始状态值有关。

**2. 常见的其他积分环节**

凡是输出量对输入量具有储存和积累特点的元件一般都具有积分特性。例如电容的电量与电流，速度与加速度，水箱的水位与水流量等。

**3. 数学表达式、传递函数及功能框图**

由以上几个典型的积分环节，可以得出积分环节的数学表达式、传递函数及功能框图如下。

(1) 数学表达式

$$y(t) = \int x(t)\mathrm{d}t \qquad t \geqslant 0$$

(2) 传递函数

$$G(s) = \frac{Y(s)}{X(s)} = \frac{1}{s}$$

(3) 功能框图

功能框图如图 2-14 所示。

**4. MATLAB 仿真**

由 Simulink 仿真结果可以得出积分环节的输入与输出之间存在以下特点：有输入，输出就不断增加，直到饱和；输入为

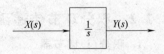

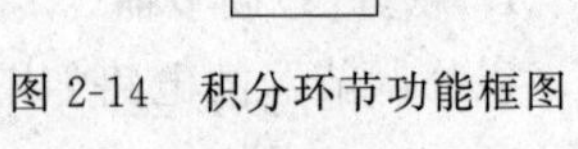

图 2-14   积分环节功能框图

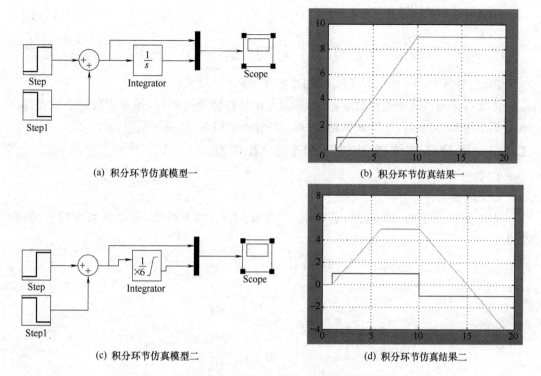

(a) 积分环节仿真模型一　　　　　　(b) 积分环节仿真结果一

(c) 积分环节仿真模型二　　　　　　(d) 积分环节仿真结果二

图 2-15　积分环节 Simulink 仿真模型及仿真结果

零,输出稳定;一旦饱和,只有改变输入极性才能退出饱和,如图 2-15 所示。

### 5. 比例-积分(PI)调节器

比例调节器能够立即响应输入信号,加快响应过程;而积分环节虽然响应过程要经过一段时间的积累,但却可以通过不断积分的累积过程来最后消除误差。因此,为了兼顾比例和积分环节二者的优点,通常采用如图 2-16 所示的比例积分调节器。

传递函数为

$$G(s) = \frac{U_o(s)}{U_i(s)} = -\frac{Z_f(s)}{Z_0(s)} = -\frac{R_1 + \dfrac{1}{C_1 s}}{R_0} = -\left(\frac{R_1}{R_0} + \frac{1}{R_0 C_1 s}\right) \tag{2-27}$$

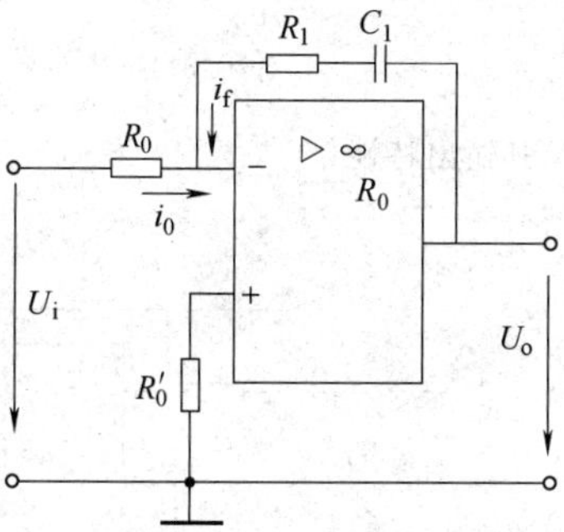

(a) 比例 积分调节器电路 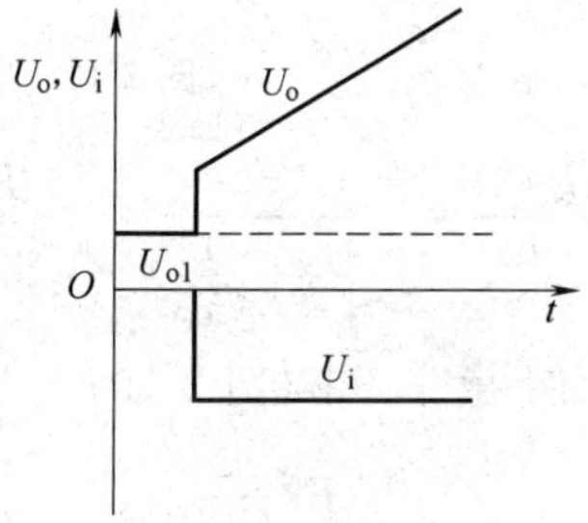　　　　　　(b) 输出特性

图 2-16　比例-积分调节器电路及其输出特性

还可以化简成以下形式

$$G(s)=-\left(\frac{R_1}{R_0}+\frac{1}{R_0 C_1 s}\right)=-\frac{R_1}{R_0}\left(1+\frac{1}{R_1 C_1 s}\right)=K\left(1+\frac{1}{Ts}\right)=K\frac{Ts+1}{Ts} \quad (2\text{-}28)$$

式中:增益 $K=-R_1/R_0$,积分时间常数 $T=R_1 C_1$。

之所以采用不同形式的数学形式,是因为在分析物理过程时,通常采用加法形式,而在分析应用 PI 调节器(作串联校正)对系统性能的影响时,则通常采用乘法形式。

## 2.2.3 微分环节传递函数与 MATLAB 仿真

### 1. 微分环节

(1) 理想微分

如图 2-17 所示的 RC 电路,若设 $u_i(t)$ 为输入,$i_o(t)$ 为输出,那么该系统的传递函数为

$$i(t)=C\frac{\mathrm{d}u_i(t)}{\mathrm{d}t} \quad I(s)=C(s)U_i(s) \quad \frac{I(s)}{U(s)}=C(s)$$

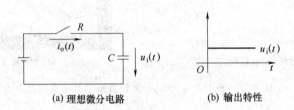

(a) 理想微分电路          (b) 输出特性

图 2-17   理想微分电路及其输出特性

(2) 实际微分环节(图 2-18)

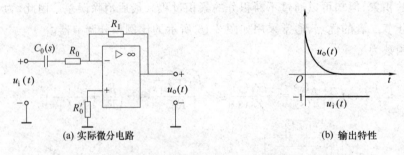

(a) 实际微分电路          (b) 输出特性

图 2-18   实际微分电路及其输出特性

$$\frac{U_o(s)}{U_i(s)}=-\frac{R_1}{R_0+\frac{1}{C_0 s}}=-\frac{R_1 C_0 s}{R_0 C_0 s+1}$$

(3) 比例-微分环节(图 2-19)

$$Z_0(s)=\frac{R_0\frac{1}{C_0 s}}{R_0+\frac{1}{C_0 s}}=\frac{R_0}{R_0 C_0 s+1}$$

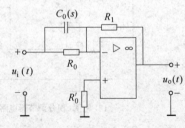

图 2-19   比例-微分环节电路

$$\frac{U_o(s)}{U_i(s)}=-\frac{R_1}{\dfrac{R_0}{R_0C_0s+1}}=-\frac{R_1(R_0C_0s+1)}{R_0}=-\left(\frac{R_1}{R_0}+R_1C_0s\right)\tag{2-29}$$

令 $R_0=R_1$，$R_1C_0=\tau_d$，则$\dfrac{U_o(s)}{U_i(s)}=-(1+\tau_d s)$。

**2. 传递函数**

(1) 数学表达式

微分环节在传递函数中有三种类型：纯微分环节、一阶微分环节和二阶微分环节。相应的微分方程为

$$y(t)=K\frac{dx(t)}{dt}\qquad t\geqslant 0$$

$$y(t)=K\left[\tau\frac{dx(t)}{dt}+x(t)\right]\qquad t\geqslant 0$$

$$y(t)=K\left[\tau\frac{d^2x(t)}{dt^2}+2\xi\tau\frac{dx(t)}{dt}+x(t)\right]\qquad t\geqslant 0$$

(2) 传递函数

以上三式相应的传递函数分别为

$$G(s)=Ks$$

$$G(s)=K(\tau s+1)$$

$$G(s)=K(\tau^2s^2+2\xi\tau s+1)\qquad (0<\xi<1)$$

微分环节的输出量与输入量的各阶微分有关，因此它能预示输入信号的变化趋势。例如，纯微分环节在阶跃输入作用下，输出的是脉冲函数。

(3) 功能框图(图 2-20)

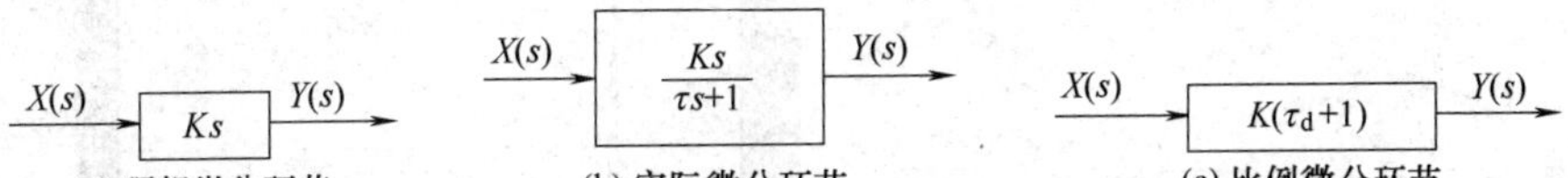


(a) 理想微分环节　(b) 实际微分环节　(c) 比例微分环节

图 2-20　微分环节功能框图

**3. 比例-积分-微分(PID)调节器**

比例-积分-微分调节器的电路如图 2-21 所示。

传递函数为

$$\begin{aligned}G(s)&=\frac{U_o(s)}{U_i(s)}=-\frac{Z_f(s)}{Z_0(s)}=-\frac{R_1+\dfrac{1}{C_1s}}{\dfrac{R_0}{1+R_0C_0s}}\\&=-\frac{K(T_1s+1)(T_0s+1)}{T_1s}\\&=-\left(K'+\frac{1}{T_1's}+T_0'\right)\end{aligned}\tag{2-30}$$

式中：$K=-\dfrac{R_1}{R_0}$；$T_1=R_1C_1$；$T=R_0C_0$；$T_0'=R_1C_0$；$T_1'=R_0C_1$。

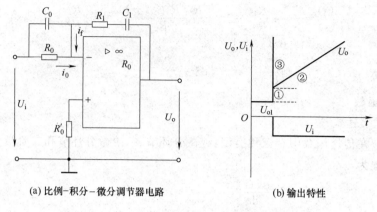

(a) 比例-积分-微分调节器电路　　　　(b) 输出特性

图 2-21　比例-积分-微分调节器电路图及其输出特性

由输出特性可知,比例-积分-微分调节器的输出,除初始值外,由三部分组成。第 1 部分为比例部分,它按比例响应输入量的变化;第 2 部分为积分部分,它是输入量对时间的积累;第 3 部分为微分部分,它的数值与输入量的变化率成正比。

PID 调节器的比例部分可以很方便地调节系统的增益,它的积分部分可以消除(或减小)系统稳态误差,它的微分部分可以加快系统对输入信号的响应并改善系统的稳定性。

**4. MATLAB 仿真**

由 Simulink 仿真结果可以得出微分环节的输入与输出之间存在以下特点:输入变化时才有输出;输入稳定时输出为零,如图 2-22 所示。

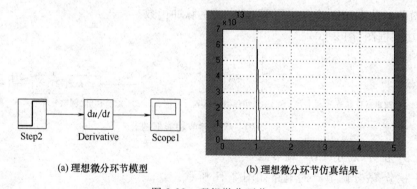

(a) 理想微分环节模型　　　　(b) 理想微分环节仿真结果

图 2-22　理想微分环节

# 任务 2.3　晶闸管触发电路的传递函数

## 【任务引入】

典型实物自动控制系统,大多是由常用部件构成的,因此,这里首先介绍常用部件的传递函数,以便在后面的篇章中能够顺利地建立各个典型自动控制系统的数学模型。

想一想:图 2-23 晶闸管触发电路中晶闸管的作用是什么?

**【学习目标】**

（1）掌握采用运算放大器实现各个环节。

（2）掌握晶闸管触发整流电路的传递函数。

**【任务分析】**

在工作生活中往往需要把交流电转变为直流电才能满足需求，晶闸管就能实现这一目标，下面介绍一下晶闸管的传递函数。

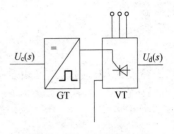

图 2-23　晶闸管触发电路

## 2.3.1　惯性环节的传递函数及 MATLAB 仿真

### 1. 惯性（T）调节器

惯性调节器的电路如图 2-24 所示。

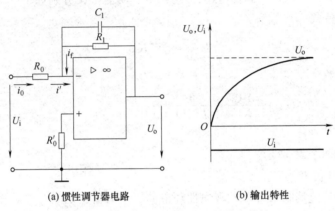

(a) 惯性调节器电路　　　　　(b) 输出特性

图 2-24　惯性调节器电路及其输出特性

传递函数为

$$G(s)=\frac{U_\text{o}(s)}{U_\text{i}(s)}=-\frac{Z_\text{f}(s)}{Z_0(s)}=-\frac{\dfrac{R_1}{1+R_1C_1s}}{R_0}=\frac{K}{Ts+1} \tag{2-31}$$

式中：增益 $K=-\dfrac{R_1}{R_0}$，惯性时间常数 $T=R_1C_1$。

可见，惯性调节器的稳态输出量和比例环节是相同的，但对突变的阶跃信号，它的输出量不是突变的，而是一个逐渐变化的过程。

在自动控制系统中，惯性调节器相当于一个缓冲环节，它能抑制瞬时突发脉冲信号对系统的冲击，使系统运行更加平稳。

### 2. 常见的其他惯性环节

RC 串联电路是常见的惯性环节的实例。

设回路电流为 $i$，则

$$x(t)=iR+y(t)$$

又由电容电压 $u_C=y(t)$ 得

$$i=C\frac{\text{d}y(t)}{\text{d}t}$$

故

$$x(t) = RC\frac{\mathrm{d}y(t)}{\mathrm{d}t} + y(t)$$

令 $T = RC$,则上式可表示为

$$T\frac{\mathrm{d}y(t)}{\mathrm{d}t} + y(t) = x(t)$$

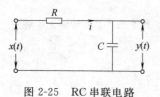

图 2-25   RC 串联电路

RC 串联电路的传递函数可用式(2-31)表示,由此可见,图 2-25 所示的 RC 电路为惯性环节。

常见的惯性环节有直流发电机和磁放大器等。

**3. 数学表达式、传递函数及功能框图**

由以上几个典型的惯性环节,可以得出惯性环节的数学表达式、传递函数及功能框图分别如下。

(1) 数学表达式

$$T\frac{\mathrm{d}y}{\mathrm{d}t} + y = Kx$$

(2) 传递函数

$$G(s) = \frac{Y(s)}{X(s)} = \frac{K}{Ts+1}$$

(3) 功能框图

功能框图如图 2-26 所示。

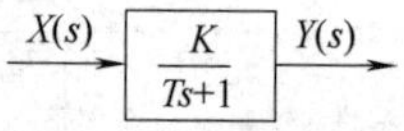

图 2-26   惯性环节的
功能框图

**4. MATLAB 仿真**

由 MATLAB 仿真结果可以发现惯性环节的输入与输出之间存在着输出延缓反映输入量变化的特点,如图 2-27 所示。

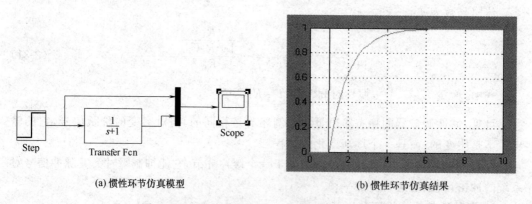

(a) 惯性环节仿真模型                    (b) 惯性环节仿真结果

图 2-27   惯性环节 Simulink 仿真模型及仿真结果

## 2.3.2   延迟环节的传递函数及 MATLAB 仿真

**1. 晶闸管触发电路的传递函数**

由图 2-28(a)可见,整流电路由 4 个晶闸管 $VT_1 \sim VT_4$ 构成。当电源电压 $u_2$ 处于正半周时,若在电压过零点,再延迟 $\alpha$ 电角度后,触发电路产生触发脉冲 $U_{g1}$ 和 $U_{g4}$ 的同时元件 $VT_1$ 与 $VT_4$ 导通,则电流 $i_{d1}$ 由 $1 \rightarrow VT_1 \rightarrow R_d \rightarrow VT_4 \rightarrow 2$ 电源形成回路。同样,当电源

电压 $u_2$ 处于负半周时,也是由触发电路在电压过零点再延迟 $\alpha$ 电角度产生两个触发脉冲 $U_{g2}$ 和 $U_{g3}$,使 VT$_2$ 与 VT$_3$ 同时导通,电流 $i_{d2}$ 由 2→VT$_2$→$R_d$→VT$_3$→1 形成回路。电阻负载上的电压波形如图 2-28(b)所示。

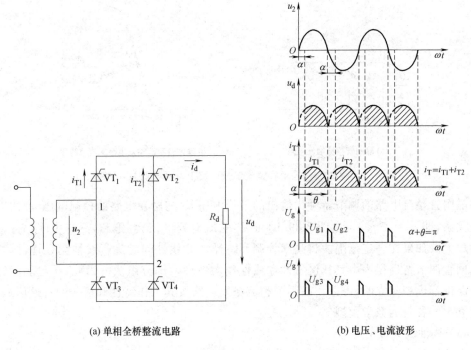

(a) 单相全桥整流电路　　　　　　　　(b) 电压、电流波形

图 2-28　晶闸管整流电路及电压波形

我们把晶闸管承受正向电压的起点(单相电路为交流电压的过零点)到触发导通点之间的电角度 $\alpha$ 称为控制角。由电角度 $\alpha$ 与时间 $t$ 的关系式 $\alpha = \omega t$,有 $t = \alpha/\omega$,这个控制角对应的时间称为移相时间。改变控制角 $\alpha$ 的大小称为移相。因此,$\alpha$ 又称为移相角。晶闸管在一个周期内导通的电角度称为导通角 $\theta$。在单相电路中,$\alpha + \theta = \pi$。$\alpha$ 越大,则 $\theta$ 越小,输出的平均电压越低。

经晶闸管整流后在负载电阻上的电压波形为缺角的正弦半波波形。其输出的直流电压 $U_d$ 通常用平均值来衡量。由图 2-28 可求得其平均值为

$$U_d = \frac{1}{\pi} \int_{\alpha}^{\pi} U_m \sin\omega t \, d(\omega t) = \frac{1}{\pi} \int_{\alpha}^{\pi} \sqrt{2} U_2 \sin\omega t \, d(\omega t) = 0.9 U_2 \frac{1+\cos\alpha}{2} \quad (2\text{-}32)$$

式中:$U_2$ 为交流电压的有效值;$U_d$ 为直流电压的平均值;$\alpha$ 为控制角。

由式(2-32)可知,$\alpha$ 越大时,则 $U_d$ 越小。

$$U_d = \begin{cases} 0.9U_2 & (\alpha = 0,\text{ 即 } \theta = 180°) \\ 0.45U_2 & (\alpha = 90°,\text{ 即 } \theta = 90°) \\ 0 & (\alpha = 180°,\text{ 即 } \theta = 0) \end{cases} \quad (2\text{-}33)$$

由上述分析可知,调节控制角(即调节导通角 $\theta$),即可调节整流电路输出的直流电压的平均值 $U_d$。由式(2-33)可推知,$\alpha$ 的调节范围为 0～180°,与 $\alpha$ 对应的 $U_d$ 则为 198～0V。

由上面分析还可知,经单相全波整流后得到的最大的直流平均电压为交流电压有效

值的 0.9。若 $U_2 = 220\text{V}$,则有 $U_d = 198\text{V}$。这就意味着,220V 交流电经整流后供给直流负载的最大直流电压只有 198V。

晶闸管整流触发电路及其调节特性如图 2-29 所示。

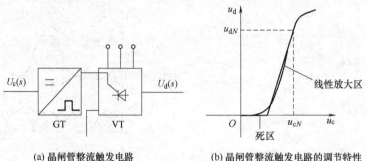

(a) 晶闸管整流触发电路　　　　　　(b) 晶闸管整流触发电路的调节特性

图 2-29　晶闸管整流触发电路及其调节特性

晶闸管整流电路的调节特性为输出的平均电压 $u_d$ 与触发电路的控制电压 $u_c$ 之间的函数关系,即 $u_d = f(u_c)$。由图 2-29(b)可见,它既有死区,又会饱和,只有中间部分接近线性放大。如果在一定范围内将晶闸管调节特性的非线性问题进行线性化处理,则可以把晶闸管调节特性视为由其死区特性和线性放大特性两部分组成。因此,在对晶闸管整流电路进行模型建立时,可以将晶闸管整流触发电路按其工作特性和所分的特性区域,分别建立它们各自的数学模型。

(1) 线性放大区

在线性放大区域内,其整流输出电压 $u_d$ 基本与其触发电路的控制电压 $u_c$ 成正比关系,因此有

$$U_d(s) = K_s U_c(s)$$

(2) 死区

晶闸管触发装置和整流装置之间是存在滞后作用的,这主要是由整流装置的失控时间造成的。由电力电子知识可知,晶闸管是一个半控型的电子器件,只有当阳极在正向电压作用下供给门极触发脉冲才能使其导通。晶闸管一旦导通,门极便会失去作用。改变控制电压 $u_c$,虽然可以使触发脉冲的触发角产生移动,但是也必须等到阳极处于正向电压作用时才能使晶闸管导通。因此,当改变控制电压 $u_c$ 来调节平均整流输出电压 $u_d$ 的大小时,新的脉冲总是要等到阳极处于正向电压时才能实现,而这就造成整流输出电压 $u_d$ 的变化滞后于控制电压 $u_c$ 的变化一个 $\tau_0$ 时间的情况,如图 2-29(b)所示。因此有

$$u_d = u_c(t - \tau_0)$$

对上式取拉普拉斯变换,则有

$$U_d(s) = e^{-\tau_0 s} U_c(s) \approx \frac{1}{\tau_0 s + 1} \times U_c(s)$$

结合晶闸管两个区域内的特性,可得

$$U_d(s) = K_s e^{-\tau_0 s} U_c(s) \approx \frac{K_s}{\tau_0 s + 1} U_c(s)$$

整理后,其传递函数为 $\dfrac{U_d(s)}{U_c(s)} \approx \dfrac{K_s}{\tau_0 s+1} = K_s \times \dfrac{1}{\tau_0 s+1}$(比例与惯性环节的串联),其图形表示如图 2-26 所示。在电的自动控制系统中,可控硅整流器可作为纯滞后环节的例子,可控硅整流器的整流电压 $u_d$ 与控制角 $\alpha$ 之间的关系,除了有静特性关系 $u_d = u_{d0}\cos\alpha$ 之外,还有一个失控时间的问题。普通可控硅整流元件有这样的特点,它一旦被触发导通后,再改变触发脉冲的相位或使触发脉冲消失,都不能再对整流电压起控制作用,必须等待下一个可控硅元件触发脉冲到来时,才能产生新的控制作用。因此,将这一段不可控制的时间,称为失控时间(滞后时间),用 $\tau$ 表示。显然,$\tau$ 不是一个固定的数值,它不但与可控硅整流器的线路、交流电源的频率有关,而且就是在一个频率已定的具体的可控硅整流电路里,$\tau$ 也不是固定的。

**2. 延迟环节(又称时滞环节,纯滞后环节)**

(1) 数学表达式

$$y(t) = x(t-\tau) \tag{2-34}$$

当 $t \geqslant \tau$ 时,$y(t) = x(t)$。

当 $t < \tau$ 时,$y(t) = 0$。

式(2-34)中:$\tau$ 为纯滞后时间。

若输入信号 $x(t)$ 为阶跃信号 $1(t)$,则输出 $y(t) = 1(t-\tau)$

其关系曲线如图 2-30 所示。

(2) 传递函数

在零初始条件下,对式(2-34)进行拉氏变换得到延迟环节的传递函数

$$G(s) = \frac{Y(s)}{X(s)} = e^{-\tau s}$$

(3) 功能框图

功能框图如图 2-31 所示。

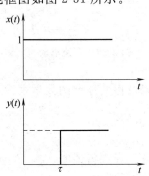

图 2-30 延迟环节的单位阶跃响应

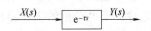

图 2-31 延迟环节的功能框图

**3. MATLAB 仿真**

由于延迟环节不能单独作为一个环节仿真,故将其与惯性环节串联,并与其进行比较,如图 2-32 所示。

由 MATLAB 仿真结果分析可知,延迟环节的输出量与输入量变化形式相同,只是在时间上有所延迟。

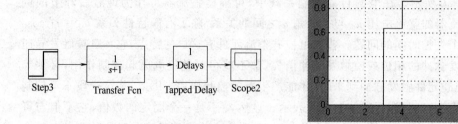

(a) 延迟环节仿真模型　　　　　　　　　(b) 延迟环节仿真结果

图 2-32　延迟环节 Simulink 仿真模型及仿真结果

# 任务 2.4　振荡环节的传递函数

## 【任务引入】

电动机在我们工作生活中无处不在,下面就介绍最常见的直流电动机振荡环节的传递函数。

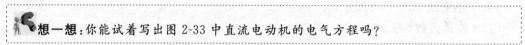

**想一想**:你能试着写出图 2-33 中直流电动机的电气方程吗?

## 【学习目标】

（1）掌握直流电动机振荡环节的传递函数。

（2）掌握振荡环节的数学表达式和传递函数。

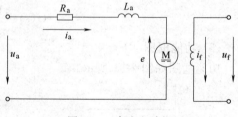

图 2-33　直流电动机

## 【任务分析】

直流电动机在重工业领域仍然占有重要地位,下面就介绍一下振荡环节的传递函数和特点,以及振荡环节的数学表达式。

### 2.4.1　直流电动机振荡环节的传递函数

下面通过直流电动机来说明系统框图的画法。

首先对直流电动机的工作原理及各物理量间的微分方程进行说明。

**1. 电枢回路**

设加在电枢电路进线两端的电压为 $u_a$,通过电枢的电流为 $i_d$,此电流在电枢电阻 $R_a$ 上产生的电压降为 $i_a R_a$,此电流在漏磁电感 $L_a$ 上产生的感应电动势 $e_L = L_a di_a/dt$,电枢旋转切割磁力线产生的电动势为 $e$,根据基尔霍夫定律有:$u_a - e - L_a di_a/dt = i_a R_a$ 或 $u_a = e + L_a di_a/dt + i_a R_a$。

**2. 电磁转矩**

电枢电流 $i_a$ 在磁场的作用下,产生电磁力,形成电磁转矩 $T_e$。其大小 $i_a T_e =$

$K_T\Phi i_a$（式中,$\Phi$ 为磁极磁通量;$i_a$ 为电枢电流;$K_T$ 为电磁转矩恒量）,其方向遵循左手定则。

**3. 运动方程**

当电动机产生的电磁转矩大于机械负载阻力矩 $T_L$ 时,电动机便加速转动。其转速与转矩间的关系由牛顿定律产生 $T_e-T_L=J\mathrm{d}\omega/\mathrm{d}t$（式中,$\omega$ 为角速度,$J$ 为电枢及机械负责折合到电动机转轴上的转动惯量）。由于在工程上,通常采用转速 $n(r/\min)$,而不是角速度 $\omega(\mathrm{rad/s})$,$\omega$ 与 $n$ 间的关系为 $\omega=\dfrac{2\pi}{60}n$（因为 $1\min=60\mathrm{s},1r=2\pi\mathrm{rad}$）,代入上式有

$$T_e-T_L=J\frac{\mathrm{d}\omega}{\mathrm{d}t}=\frac{2\pi}{60}J\frac{\mathrm{d}n}{\mathrm{d}t}=J_G\frac{\mathrm{d}n}{\mathrm{d}t}\left(\text{式中},J_G\ \text{称为转速惯量},J_G=\frac{2\pi}{60}J\right).$$

**4. 感应电动势**

当电动机转动以后,电枢导线在磁场中切割磁力线也会产生感应电动势 $e$,其大小 $e=K_e\Phi n$（式中,$\Phi$ 为磁极磁通量;$n$ 为电动机转速;$K_e$ 为电动机电动势惯量）,其方向遵循右手定则,与电枢电流相反。

直流电动机各物理间的微分方程式总结如下。

电枢电路:$u_a=i_aR_a=L_a\dfrac{\mathrm{d}i_a}{\mathrm{d}t}+e$　　　　　　　　　　　　　　①

电磁转矩:$T_e=K_T\Phi i_a$　　　　　　　　　　　　　　　　　　　②

运动方程:$T_e-T_L=J_G\dfrac{\mathrm{d}n}{\mathrm{d}t}$　　　　　　　　　　　　　　③

反电动势:$e=K_e\Phi n$　　　　　　　　　　　　　　　　　　④

列出直流电动机各个环节的微分方程后,则有微分方程→拉普拉斯变换式→传递函数→功能框→系统框图。

对式①~④进行拉氏变换,整理后,便可得到对应的传递函数

电枢电路:　　　$\dfrac{I_a(s)}{U_a(s)-E(s)}=\dfrac{1/R_a}{T_as+1}$　　　　$T_a=\dfrac{L_a}{R_a}$　　　(2-35)

电磁转矩:　　　$\dfrac{T_e(s)}{I_a(s)}=K_T(s)$　　　　　　　　　　　　　(2-36)

转速转矩:　　　$\dfrac{N(s)}{T_e(s)-T_L(s)}=\dfrac{1}{J_Gs}$　　　　　　　　(2-37)

反电动势:　　　$\dfrac{E(s)}{N(s)}=K_e(s)$　　　　　　　　　　　　(2-38)

此外,由于角位移 $\theta$ 和转速 $n$ 间的关系为

$$\frac{\Theta(s)}{N(s)}=\frac{2\pi}{60}\cdot\frac{1}{s}$$

于是根据关系式(2-35)~式(2-38),并参考各环节间的输入-输出关系,便可建立直流电动机的框图,如图 2-34 所示。

由图 2-34 可见,框图直观地描绘了电动机各个环节和各物理量间的因果关系,它含有一个电磁惯性环节和一个机械惯量环节,而且从图中还可以清楚地看到电动机内部存在着

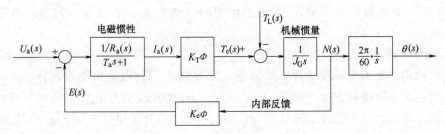

图 2-34　直流电动机框图

一个反馈环节,它的反馈作用是通过能反映转速大小的电枢电势 $E$ 的变化来完成的。

### 2.4.2　常见的其他振荡环节的传递函数

在实际物理系统中,振荡环节的传递函数经常碰到。如图 2-3 所示的 RLC 串联谐振电路的传递函数为

$$G(s)=\frac{Y(s)}{X(s)}=\frac{1}{LCs^2+RCs+1}$$

如图 2-4 所示的弹簧-物体-阻尼器串联组成的机械系统的传递函数为

$$G(s)=\frac{Y(s)}{X(s)}=\frac{1}{ms^2+fs+K}$$

以上两个传递函数,均为二阶系统。当转换成标准形式时,只要满足 $0<\xi<1$,它们都是振荡环节。

### 2.4.3　振荡环节的数学表达式和传递函数

由以上几个典型的振荡环节,可以得出振荡环节的数学表达式和其传递函数如下。

**1. 数学表达式**

$$T^2\frac{d^2y(t)}{dt^2}+2\xi T\frac{dy(t)}{dt}+y(t)=x(t)$$

式中:$T$ 为时间常数;$\xi$ 为衰减系数,又称阻尼系数(阻尼比),对于振荡环节,$0<\xi<1$。

**2. 传递函数**

$$G(s)=\frac{Y(s)}{X(s)}=\frac{1}{T^2s^2+2\xi Ts+1}$$

$$G(s)=\frac{Y(s)}{X(s)}=\frac{\omega_n^2}{s^2+2\xi\omega_n s+\omega_n^2} \tag{2-39}$$

式中:$\omega_n=\dfrac{1}{T}$,称为自然频率。

# 任务 2.5　直流调速系统的框图变换

**【任务引入】**

一个控制系统总是由许多元件组合而成的。每一个环节都有对应的输入量、输出量以及它们的传递函数,从信息传递的角度去看,能否把一个系统划分为若干环节进行描述呢?

**【学习目标】**

（1）理解框图的概念,掌握框图的组成。

（2）掌握框图的几种基本连接方式及其合并。

（3）了解比较点和引出点的合并、互换位置及移动规则。

（4）掌握用框图化简来求取传递函数。

**【任务分析】**

为了表明每一个环节在系统中的功能,在控制工程中,常常应用所谓"框图"的概念。控制系统的框图是描述系统各元件之间信号传递关系的数学图形,它还表示系统中各变量之间的因果关系以及各变量所进行的运算,是控制理论中描述复杂系统的一种简便方法,具有简洁、清晰的特点,在自动控制技术中运用较为广泛。

## 2.5.1　框图的组成和基本变换

### 1. 框图的组成

（1）框图的基本概念

方框图可以表示系统的组成和信号的传递情况,引入反映系统或环节输入、输出动态关系的传递函数后,可以把系统或环节的传递函数标在系统或环节方框图的方块里面,并把系统或环节的输入量、输出量用拉氏变换表示。这时,输入量、

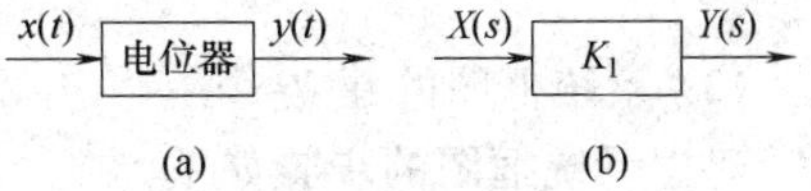

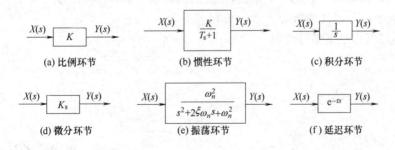

图 2-35　电位器的方框图及相应的框图

输出量的拉氏变换和传递函数的关系 $Y(s)=G(s)X(s)$ 可以在方框图中体现出来。这种表示变量之间的数学关系的方框图称为函数框图或结构图。例如图 2-35 所示是电位器的方框图及相应的框图,其中,$K_1$ 为电位器的传递函数（比例环节）。

上一节所讨论的几个基本环节的框图如图 2-36 所示。

（a）比例环节　　（b）惯性环节　　（c）积分环节

（d）微分环节　　（e）振荡环节　　（f）延迟环节

图 2-36　典型环节的框图

一个复杂系统总是由许多元件组合而成的,而要从信号传递关系来看,总是可以看成由许多基本环节组合而成。每一个基本环节用一个框图表示,它们之间按系统信号传递的关系联结成系统框图。

（2）框图的组成

控制系统的框图是由许多对信号进行单向运算的方框和一些连线组成的,它包括以下四种基本单元。

① 信号线:带有箭头的直线,箭头表示信号的传递方向,线上标记该信号的拉氏变换,见图 2-37(a)。

② 引出点(测量点、分支点):表示信号引出或测量的位置。从同一位置引出的信号,在数值和性质方面完全相同,见图 2-37(b)。

③ 比较点(相加点):对两个以上的信号进行加减运算,"+"号表示相加,"-"号表示相减,见图 2-37(c),有时"+"号省略不写。

④ 方框:表示对信号进行的数学变换,方框中写入环节或系统的传递函数,见图 2-37(d)。方框的输出量等于输入量与传递函数的积,即 $Y(s) = G(s)X(s)$。

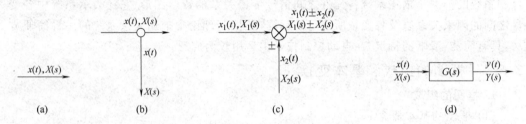

图 2-37  框图的基本组成单元

（3）系统框图的建立

建立系统框图的步骤如下。

① 建立系统各元件的微分方程。在建立微分方程时,应分清输入量、输出量,同时考虑相邻元件之间是否有负载效应。

② 对各元件的微分方程进行拉氏变换,并做出各元件的框图。

③ 按照系统中各变量的传递顺序,依次将各元件的框图连接起来,将系统输入量置于左端,输出量(即被控量)置于右端,便可得到系统框图。

【例 2-6】 试绘制图 2-38 RC 无源网络的框图。

解:将 RC 无源网络看成一个系统,系统的输入量为 $u_i(t)$,输出量为 $u_o(t)$。

① 建立系统各部件的微分方程。根据基尔霍夫定律可写出以下微分方程。

$$u_i = i_1 R_1 + u_o$$

$$u_o = i R_2$$

$$\frac{1}{C}\int i_2 \, \mathrm{d}t = i_1 R_1$$

$$i_1 + i_2 = i$$

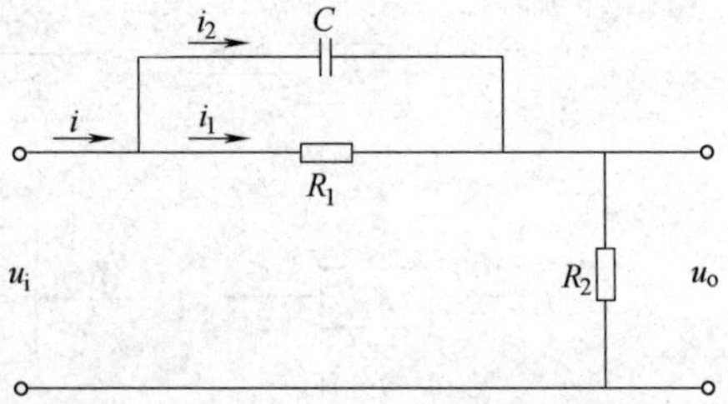

图 2-38  RC 无源网络

② 在零初始条件下对上述微分方程进行拉氏变换得

$$U_i(s) = I_1(s)R_1 + U_o(s)$$

$$U_o(s) = I(s)R_2$$

$$I_2(s)\frac{1}{Cs} = I_1(s)R_1$$

$$I_1(s) + I_2(s) = I(s)$$

根据以上各式画出各元件的框图如图 2-39(a)～图 2-39(d)所示。

③ 系统的框图用信号线按信号流向依次将各方框图连接起来,得到 RC 无源网络框图如图 2-39(e)所示。

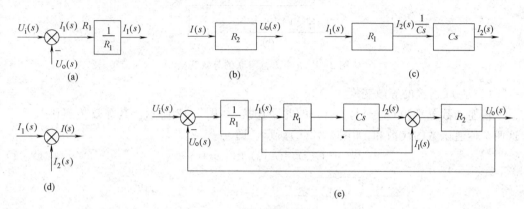

图 2-39 RC 无源网络框图

想一想:以上例题中的某些环节是不是可以以更适当的方式进行合并呢?

### 2. 环节的合并

下面依据等效原理,推导框图的变换法则。

(1) 串联连接的等效变换

两个环节 $G_1(s)$ 和 $G_2(s)$ 以串联方式连接如图 2-40(a)所示。两个传递函数分别为 $G_1(s)$ 与 $G_2(s)$ 以串联方式连接。现欲将二者合并,用一个传递函数 $G(s)$ 代替,并保持 $R(s)$ 与 $C(s)$ 的关系不变,即

$$G(s) = G_1(s)G_2(s) \tag{2-40}$$

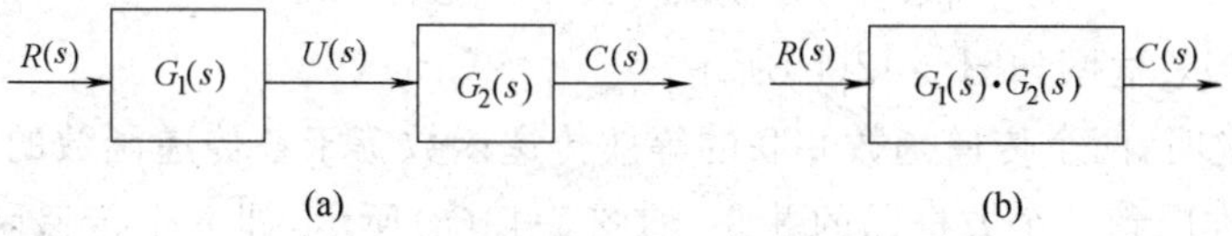

图 2-40 两个方框串联结构的等效变换

**证明:** 由图 2-40(a)可写出

$$U(s) = G_1(s)R(s)$$

$$C(s) = G_2(s)U(s)$$

消去 $U(s)$,则有

$$C(s) = G_1(s)G_2(s)R(s) = G(s)R(s)$$

故可以证明等效结构如图 2-40(b)所示。式(2-40)表明,两个传递函数串联的等效传递函数等于该两个传递函数的乘积。上述结论可以推广到多个方框图的串联。如图 2-41(a)所示,$n$ 个传递函数串联的等效传递函数,等于 $n$ 个传递函数的乘积,如图 2-41(b)

所示。

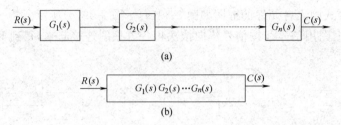

图 2-41    $n$ 个方框串联的等效变换

(2) 并联连接的等效变换

传递函数分别为 $G_1(s)$ 与 $G_2(s)$ 的并联连接,如图 2-42 所示。其等效传递函数等于这两个传递函数的代数和,如图 2-42(b)所示。即

$$G(s)=G_1(s)\pm G_2(s) \tag{2-41}$$

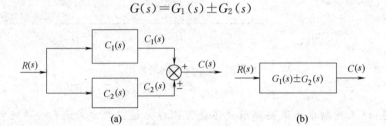

图 2-42    两个方框并联的等效变换

具体证明如下。

由图 2-42(a)可写出

$$C_1(s)=G_1(s)R(s)$$
$$C_2(s)=G_2(s)R(s)$$
$$C(s)=C_1(s)\pm C_2(s)=G_1(s)R(s)\pm G_2(s)R(s)$$
$$=[G_1(s)\pm G_2(s)]R(s)=G(s)R(s)$$

可以证明等效框图如图 2-42(b)所示。

式(2-41)说明,两个传递函数并联的等效传递函数等于各传递函数的代数和。同样,可将上述结论推广到 $n$ 个方框图的并联,如图 2-43(a)所示,即 $n$ 个传递函数并联的等效传递函数应等于该 $n$ 个传递函数的代数和,如图 2-43(b)所示。

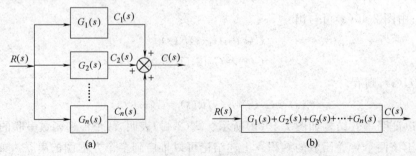

图 2-43    $n$ 个方框并联的等效变换

（3）反馈连接的等效变换

如图 2-44(a)所示为反馈连接的一般形式,其等效变换的框图如图 2-44(b)所示。

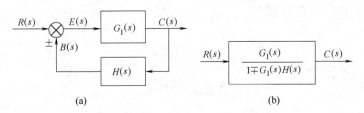

图 2-44　反馈连接的等效变换

具体证明如下。

由图 2-44(a),按照信号传递的关系可写出

$$C(s)=G_1(s)E(s)$$
$$B(s)=H(s)C(s)$$
$$E(s)=R(s)\pm B(S)$$

消去 $E(s)$ 和 $B(s)$,得

$$C(s)=G_1(s)[R(s)\pm H(s)C(s)]$$
$$[1\mp G_1(s)H(s)]C(s)=G_1(s)R(s)$$

得

$$\frac{C(s)}{R(s)}=\frac{G_1(s)}{1\mp G_1(s)H(s)}$$

将反馈方框图等效简化为一个方框,方框中的传递函数应为上式。其闭环传递函数为式(2-42)

$$G(s)=\frac{G_1(s)}{1\mp G_1(s)H(s)} \tag{2-42}$$

式中:分母中的减号对应于负反馈,加号对应于正反馈。

若反馈通道的传递函数 $H(s)=1$,常称为单位反馈,此时传递函数为

$$G(s)=\frac{G_1(s)}{1\mp G_1(s)} \tag{2-43}$$

## 2.5.2　比较点与引出点的合并、互换及移动规则

前面介绍了几种典型连接的传递函数的求取,利用这些等效变换原则,能使框图变得更加简单。但是对于一般的系统框图,可能是这几种连接方式交叉在一起,无法直接利用上述简化原则,而必须要先经过我们下面要介绍的比较点及引出点的移动,变成典型连接的形式,然后再进行化简。

### 1. 比较点的移动

比较点移动分为两种情况:比较点前移和比较点后移。

比较点前移指比较点由环节的输出端移到环节的输入端。比较点后移指比较点由环节的输入端移到环节输出端。遵循的原则是移动前后数学关系保持不变。如图 2-45 是比较点前移的情况。

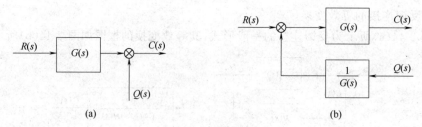

图 2-45　比较点前移的变换

具体证明如下。

移动前
$$C(s) = R(s)G(s) \pm Q(s)$$

移动后
$$C(s) = \left[ R(s) \pm Q(s)\frac{1}{G(s)} \right]G(s)$$
$$= R(s)G(s) \pm Q(s)$$

由于变换前后输出量保持不变,所以这一变换是等效的。同理,比较点后移的等效变换如图 2-46 所示(证明略)。

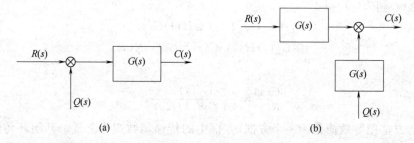

图 2-46　比较点后移的变换

### 2. 引出点移动规则

引出点的移动有两种情况:一是由环节的输入端移到输出端;另一个是从环节的输出端移至输入端。根据引出点移动前后所得的引出信号保持不变的等效原则,不难得出相应的等效框图,如图 2-47 所示。

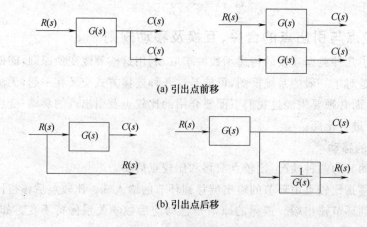

(a) 引出点前移

(b) 引出点后移

图 2-47　引出点的移动变换

以上我们介绍了框图等效变换的基本原理。

在框图的简化过程中,比较点和引出点之间,一般不宜交换其位置,比较号"－"也不能越过比较点或引出点,此外,"－"号可以在信号线上越过方框移动,但不能越过引出点。

应用上述各项基本原则,可将包含许多反馈回路的复杂框图进行简化。但在简化过程中一定注意以下两条原则。

(1) 前后通道中传递函数的乘积必须保持不变。

(2) 各反馈回路中传递函数的乘积必须保持不变。

## 2.5.3　利用框图变换求取传递函数

简化系统框图求系统总传递函数的一般步骤如下。

(1) 确定系统输入量与输出量。

(2) 若框图中有交叉联系,应运用移动规则,首先将交叉消除,化为无交叉的多回路结构。

(3) 对多回路结构,可由里到外进行变换,直至变换为一个等效的框图,即得到所求的传递函数。

【例 2-7】　如图 2-34 所示直流电动机的框图,根据框图变换可求得其传递函数为

$$\frac{\dfrac{C_t\Phi}{R_\Sigma(\tau_d s+1)}\cdot\dfrac{1}{\dfrac{GD^2}{375}s}}{1+\dfrac{C_t\Phi C_e\Phi}{R_\Sigma(\tau_d s+1)\dfrac{GD^2}{375}s}}=\frac{C_t\Phi}{R_\Sigma(\tau_d s+1)\dfrac{GD^2}{375}s+C_t\Phi C_e\Phi}$$

$$=\frac{\dfrac{C_t\Phi}{C_t\Phi C_e\Phi}}{\dfrac{R_\Sigma(\tau_d s+1)\dfrac{GD^2}{375}s}{C_t\Phi C_e\Phi}+1}=\frac{\dfrac{1}{C_e\Phi}}{\dfrac{R_\Sigma(\tau_d s+1)\dfrac{GD^2}{375}s}{C_t\Phi C_e\Phi}+1}$$

$$=\frac{K_m}{\tau_m(\tau_d s+1)+1}=\frac{K_m}{\tau_m\tau_d s^2+\tau_m s+1}$$

令 $\dfrac{1}{C_e\Phi}=K_m$,

则机电时间常数为 $\qquad \tau_m=\dfrac{R_\Sigma\dfrac{GD^2}{375}}{C_e\Phi C_e\Phi}=\dfrac{R_\Sigma GD^2}{C_e\Phi C_e\Phi\,375}$

电磁时间常数为 $\qquad \tau_d=\dfrac{L_d}{R_d}$

直流电动机等效功能框图如图 2-48 所示。

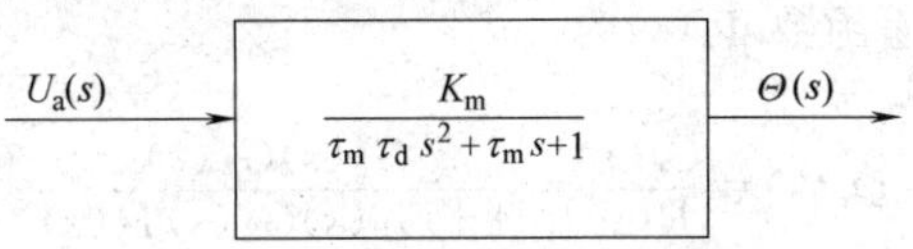

$U_a(s)$　$\boxed{\dfrac{K_m}{\tau_m\tau_d s^2+\tau_m s+1}}$　$\Theta(s)$

图 2-48　直流电动机等效功能框图

# 任务 2.6　单闭环直流调速系统闭环传递函数的求取

**【任务引入】**

在自动控制系统工作过程中，经常会有两类输入信号，一类是给定的输入信号 $R(s)$，另一类则是阻碍系统正常工作的扰动信号 $D(s)$。

如图 2-2 所示的直流调速系统框图，其传递函数的求取可以分为两步：首先求出内反馈回路（即电动机）的等效传递函数，如例 2-7 所示；其次再求出外环传递函数，即 $\dfrac{N(s)}{U_{\mathrm{sn}}(s)}$。

**【学习目标】**

(1) 掌握自动控制系统闭环传递函数的求取。

(2) 了解交叉反馈系统闭环传递函数的求取。

**【任务分析】**

自动控制系统在工作过程中有两类输入信号时，应分别求出给定输入信号 $R(s)$ 作用下的闭环传递函数和扰动信号 $D(s)$ 作用下的闭环传递函数，然后再求出两者之和，进而得到系统在两类信号共同作用下的输出。

## 2.6.1　自动控制系统闭环传递函数的求取

自动控制系统在工作过程中，给定的输入信号 $R(s)$ 和阻碍系统正常工作的扰动信号 $D(s)$ 同时作用。由于是线性系统，在求系统总的输出时可以应用叠加定理，即两个量同时作用时，可以看成两个量分别作用结果的叠加。自动控制系统的典型框图如图 2-49 所示。图中，$R(s)$ 为输入量，$C(s)$ 为输出量，$D(s)$ 为扰动量。

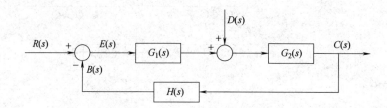

图 2-49　自动控制系统的典型框图

(1) 在输入量 $R(s)$ 作用下的闭环传递函数和系统的输出

若仅考虑输入量 $R(s)$ 的作用，则可暂略去扰动量 $D(s)$，由图 2-50(a) 可得输出量 $C_{\mathrm{r}}(s)$ 对输入量的闭环传递函数 $\Phi_{\mathrm{r}}(s)$ 为

$$\Phi_{\mathrm{r}}(s)=\frac{C_{\mathrm{r}}(s)}{R(s)}=\frac{G_1(s)G_2(s)}{1+G_1(s)G_2(s)H(s)} \tag{2-44}$$

此时系统的输出量 $C_{\mathrm{r}}(s)$ 为

$$C_r(s) = \Phi_r(s)R(s) = \frac{G_1(s)G_2(s)}{1+G_1(s)G_2(s)H(s)}R(s) \tag{2-45}$$

（2）在扰动量 $D(s)$ 作用下的闭环传递函数和系统的输出

若仅考虑扰动量 $D(s)$ 的作用，则可暂略去输入量 $R(s)$，这时图 2-49 可以变成图 2-50（b）可得输出量 $C_d(s)$ 对扰动量的闭环传递函数 $\Phi_d(s)$ 为

$$\Phi_d(s) = \frac{C_d(s)}{D_d(s)} = \frac{G_2(s)}{1+G_1(s)G_2(s)H(s)} \tag{2-46}$$

此时系统输出（拉氏式）$C_d(s)$ 为

$$C_d(s) = \Phi_d(s)D(s) = \frac{G_2(s)}{1+G_1(s)G_2(s)H(s)}D(s) \tag{2-47}$$

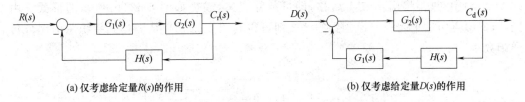

(a) 仅考虑给定量 $R(s)$ 的作用　　　　　　(b) 仅考虑给定量 $D(s)$ 的作用

图 2-50　仅考虑一个作用量时的系统框图

（3）在输入量 $R(s)$ 和扰动量 $D(s)$ 作用下的闭环传递函数和系统的输出

由于假定此系统为线性系统，因此可以应用叠加原理，即当输入量和扰动量同时作用时，系统的输出可以看成两个作用量分别作用的叠加。于是有

$$\begin{aligned} C(s) &= C_r(s) + C_d(s) \\ &= \frac{G_1(s)G_2(s)}{1+G_1(s)G_2(s)H(s)}R(s) + \frac{G_2(s)}{1+G_1(s)G_2(s)H(s)}D(s) \end{aligned} \tag{2-48}$$

由以上分析可见，由于给定量和扰动量的作用点不同，即使在同一个系统，输出量对不同量的闭环传递函数（如 $\Phi_r(s)$ 和 $\Phi_d(s)$）一般也是不同的。

**想一想**：如果是双闭环你还会化简吗？

【例 2-8】　如图 2-2 所示，求出直流调速系统的闭环传递函数。

**解**：可分两步进行。

第一步：求出内环，即电动机的闭环传递函数，如例 2-47 所示。

第二步：求外环传递函数。

$$\begin{aligned} \frac{N(s)}{U_{sn}(s)} &= \frac{K_p \cdot \dfrac{K_{tr}}{\tau_D s+1} \cdot \dfrac{K_m}{\tau_m \tau_d s^2 + \tau_m s + 1}}{1 + K_p \cdot \dfrac{K_{tr}}{\tau_D s+1} \cdot \dfrac{K_m}{\tau_m \tau_d s^2 + \tau_m s + 1} \cdot \alpha_n} \\ &= \frac{K_p K_{tr} K_m}{(\tau_D s+1)(\tau_m \tau_d s^2 + \tau_m s + 1) + K_p K_{tr} K_m \alpha_n} \\ &= \frac{K_p K_{tr} K_m}{\tau_m \tau_D \tau_d s^3 + (\tau_m \tau_d + \tau_m \tau_D)s^2 + (\tau_D + \tau_m)s + 1 + K_p K_{tr} K_m \alpha_n} \end{aligned}$$

综上两步，该直流调速系统的闭环传递函数的等效框图如图 2-51 所示。

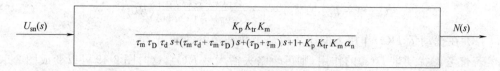

图 2-51　直流调速系统等效框图

## 2.6.2　交叉反馈系统框图的化简及其闭环传递函数的求取

交叉反馈是一种较复杂的多环系统。它的基本形式如图 2-52(a)所示。

由图 2-52(a)可见,该系统两个回环的反馈通道是相互交叉的。对这类系统的化简,主要是运用引出点和比较点来解除回路交叉,使之成为一般的不交叉的多回路系统。在图 2-52(a)中,只要将引出点 1 后移,即可解除交叉,成为如图 2-52(b)所示的形式。由图 2-52(c)再引用求闭环传递函数的公式即可得到图 2-52(d),从而得到系统总的闭环传递函数 $\Phi(s)$。

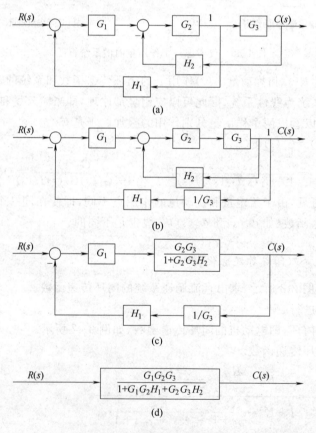

图 2-52　交叉反馈系统的化简

$$\Phi(s)=\frac{G_1(s)G_2(s)G_3(s)}{1+G_1(s)G_2(s)H_1(s)+G_1(s)G_2(s)H_2(s)} \tag{2-49}$$

上面的例子可以引申出一般交叉反馈系统闭环传递函数的求取公式为

$$\Phi(s) = \frac{\text{前向通路各串联环节传递函数的乘积}}{1 + \sum\limits_{i=1}^{n} \text{每一负反馈回环的开环传递函数}}$$

式中：$n$ 为反馈回环的个数。

对非独立的(彼此均有交叉的)多回环系统，可以应用式(2-49)直接求取系统的闭环传递函数 $\Phi(s)$。当系统含有彼此不相交的多回环时，便不能应用这个公式，而只能采用移动比较点或引出点的方法，或应用梅逊公式来求取。

# 小结

1. 自动控制系统的常用数学模型有三种形式：微分方程、传递函数和框图。三者之间通过拉普拉斯变换可以方便地转换。微分方程是自动控制系统的最基本的数学模型，也是系统的时域模型。传递函数是系统或环节在初始条件为零时输出量的拉氏变换式和输入量的拉氏变换式之比。传递函数只与系统(或环节)的内部结构和参数有关，而与输入量、扰动量等外界因素无关。它表征系统(或环节)的固有特性，是自动控制系统中的复频域模型，也是自动控制系统中最为常用的数学模型。

2. 常用的典型环节的传递函数如下。

比例环节：$G(s) = K$

积分环节：$G(s) = \dfrac{1}{s}$

惯性环节：$G(s) = \dfrac{1}{Ts+1}$

微分环节：$G(s) = \dfrac{Ts}{Ts+1}$

振荡环节：$G(s) = \dfrac{\omega_n^2}{s^2 + 2\xi\omega_n s + \omega_n^2}$

3. 自动控制系统的框图是传递函数的一种图形化的描述方式，是一种图形化的数学模型。它由一些典型环节组合而成，能直观地显示出系统的结构特点，各参数变量和作用量在系统中的地位，还清楚地表明了各环节间的相互联系，因此它是理解和分析系统的重要方法。

4. 通过对框图的化简运算，可以方便地得到系统的传递函数。在实际系统建模时，若系统结构简单，且可以用运算电路模型表达，就可以直接建立运算方程组，进而求得系统的传递函数或者绘制出其框图，而不必建立系统的微分方程；若系统结构复杂，就要先进行分析，将其分解成几个典型模块，逐一建立相应的数学模型，再根据模块间的关系求得整个系统的数学模型。

5. 系统框图的等效变换和梅逊公式是求解系统传递函数的有效工具。

# 本章习题

1. 系统的数学模型指的是什么？建立系统的数学模型的意义是什么？

2. 零初始条件的物理意义是什么？

3. 定义传递函数的前提条件是什么? 为什么要加这个条件?

4. 惯性环节在什么条件下可以近似为比例环节? 在什么情况下可以近似为比例积分环节?

5. 一个比例积分环节与一个比例微分环节串联,能简化成一个比例环节吗?

6. 惯性环节与一阶微分环节串联,在什么条件下可以简化为比例环节?

7. 二阶系统是一个振荡环节,这种说法正确吗? 为什么?

8. 框图等效变换的原则是什么?

9. 引出点与综合点移动的原则是什么?

10. 系统框图与系统组成框图有何异同?

11. 求下列函数的象函数。

(1) $f(t)=1-e^{-2t}$

(2) $f(t)=2-te^{-5t}$

(3) $f(t)=u(t-2)$

(4) $f(t)=a_1+a_2t$

12. 求下列函数的原函数。

(1) $F(s)=\dfrac{1}{s^2+s}$

(2) $F(s)=\dfrac{4}{s^2+2s+4}$

13. 用终值定理求下列函数的终值。

(1) $F(s)=\dfrac{5}{s+2}$

(2) $F(s)=\dfrac{4}{(s+5)(s+8)}$

(3) $F(s)=\dfrac{s+1}{s^2(s+5)}$

14. 激光打印机利用激光光束为计算机实现快速打印。通常我们用控制输入 $r(t)$ 的方法来对激光束进行定位,因此会有

$$C(s)=\frac{5(s+100)}{s^2+50s+600}R(s)$$

其中,输入 $r(t)$ 代表激光光束的期望位置。

(1) 若 $r(t)$ 是单位阶跃输入,试计算输出 $c(t)$。

(2) 求 $c(t)$ 的终值。

15. 已知某系统的闭环传递函数为

$$G(s)=\frac{50(s+3)}{s^3+10s^2+37s+78}$$

(1) 求该系统的特征多项式和特征方程。

(2) 求该系统的零点和极点,并绘制该系统的零极点分布图。

16. 求图 2-53 所示 4 个电路的传递函数。

17. 如图 2-54 所示,某系统的输入输出特性为 $y=f(u)=e^{-2u}$,试求该系统在开关 S

未闭合与开关 S 闭合时,系统的闭环传递函数。

18. 应用公式求图 2-55 所示两个系统的闭环传递函数。

19. 求图 2-2 所示直流电动机在 $U_d(s)$ 和 $-T_L(s)$ 共同作用下的输出 $N(s)$。

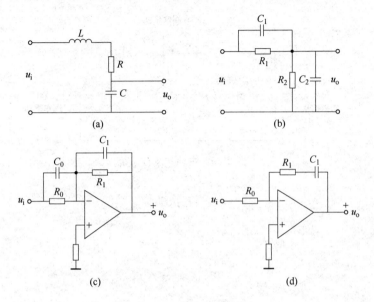

图 2-53　习题 6 电路图

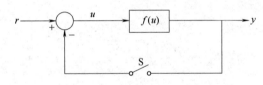

图 2-54　开环与闭环系统

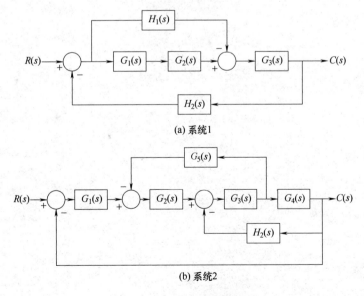

(a) 系统1

(b) 系统2

图 2-55　自动控制系统框图

20. 在粗糙路面上颠簸行驶的车辆会受到许多干扰的影响,采用主动式悬挂系统可以减轻干扰的影响,简单悬挂减震系统的系统框图如图 2-56 所示。试选取恰当的增益值 $K_1$ 和 $K_2$,从而使得当期望值 $R(s)=0$,扰动量 $D(s)=1/s$ 时,车辆不会发生跳动。

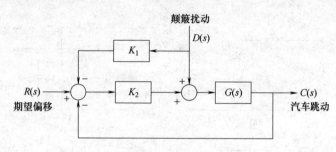

图 2-56　主动式悬挂系统

# 单闭环直流调速系统的时域性能分析

引言

在建立数学模型的基础上对系统进行性能分析,就是在数学模型的基础上分析系统的稳定性、快速性和准确性。在项目 2 中已经建立了单闭环直流调速的数学模型,在本项目中我们就要分析该系统存在的问题,并分析其时域性能指标。

为了方便分析,我们把得到的单闭环直流调速系统框图重录于此,如图 3-1 所示。

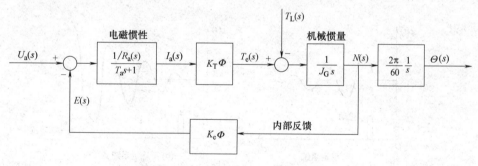

图 3-1　单闭环直流调速系统动态框图

想一想:在分析系统的稳定性、快速性、准确性时有先后顺序吗? 为什么?

## 任务 3.1　单闭环直流调速的稳定性分析

【任务引入】

对于一个系统来说稳定是首要的,那么什么因素决定着系统的稳定性,怎么样才能使一个系统具有较好的稳定性呢? 这一节我们就来看一看单闭环直流调速的稳定性分析。

【学习目标】

(1) 理解系统稳定的概念及充分必要条件。

(2) 学会用劳斯判据判断系统的稳定性。

（3）学会用赫尔维茨稳定判据判断系统的稳定性。

**【任务分析】**

从系统稳定的概念及稳定的条件引出系统稳定的判据，进而介绍系统稳定的判断方法。

控制系统在实际工作中总会受到外界和内部一些因素的扰动，例如负载或能源的波动、系统参数的变化等，从而使系统偏离原来的平衡工作状态。如果在扰动消失后，系统不能恢复到原来的平衡工作状态（即系统不稳定），则系统是无法工作的。

稳定是控制系统正常工作的首要条件，也是控制系统的重要性能。因此，分析系统的稳定性，并提出确保系统稳定的条件是自动控制理论的基本任务之一。

## 3.1.1　自动控制系统稳定的概念及充分必要条件

### 1. 系统稳定的概念

如果系统受到扰动，偏离了原来的平衡状态，当扰动消失后，系统能够以足够的准确度恢复到原来的平衡状态，则系统是稳定的，如图 3-2(a)所示。否则，系统是不稳定的，如图 3-2(b)所示。可见，稳定性是系统在去掉扰动以后，自身具有的一种恢复能力，所以是系统的一种固有特性。这种特性只取决于系统的结构、参数，而与初始条件及外作用无关。

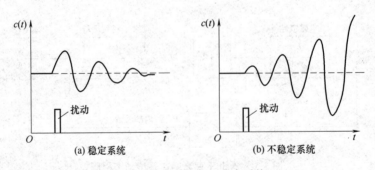

图 3-2　稳定系统与不稳定系统

系统的稳定性又可以分为绝对稳定性和相对稳定性。系统的绝对稳定性是指系统稳定或不稳定的条件。系统相对稳定性是指稳定系统的稳定程度。系统的最大超调量 $\sigma$ 越小，振荡次数 $N$ 越少，则系统的相对稳定性越好。

下面，我们先来分析自动控制系统的绝对稳定性——系统稳定的充要（充分必要）条件。

### 2. 系统稳定的充分必要条件

系统输出由稳态分量和暂态分量组成。稳态分量取决于输入控制信号，暂态分量取决于闭环传递函数。控制系统要求其输出量总是跟随输入控制信号的变化而变化，这就要求系统进入稳态后，暂态分量逐渐衰减到零。

暂态分量的变化主要取决于系统闭环传递函数的极点。由一阶系统和二阶系统的分析可得以下结论。

（1）若传递函数的极点为负实数，则暂态响应是收敛的，它按指数规律逐渐衰减并趋于零；相反，若传递函数的极点为正实数，则瞬态响应是发散的，它按指数曲线增长。

（2）若传递函数的极点是一对共轭虚数，则暂态响应应是等幅振荡的，处于临界稳定状态（由于在临界稳定状态下系统输出响应曲线无法跟随输入控制信号变化，因而工程上认为临界稳定状态也是不稳定状态）。

（3）若传递函数的极点为一对共轭复数，当实部为负时，暂态响应应是收敛的，其振幅按指数规律逐渐衰减并趋于零；相反，若实部为正时，暂态响应是发散的，振幅按指数规律增长。

（4）若传递函数极点为零，则响应为一阶跃信号。

系统闭环传递函数的极点分布及其相应的响应曲线见表 3-1。

表 3-1　系统闭环传递函数的极点分布及其相应的响应曲线

| 根的性质 | | 根在复平面上的位置（×——根） | 系统运动过程 | 稳定性 |
|---|---|---|---|---|
| 零极点图左半平面 | 实根 | | | 稳定 |
| | 复根 | | | |
| 零极点图虚轴上 | 实根 | | | 临界稳定 |
| | 复根 | | | |
| 零极点图右半平面 | 实根 | | | 不稳定 |
| | 复根 | | | |

只要系统任意一个暂态分量是发散的(或等幅振荡的),则系统响应必然是发散(或等幅振荡的)。因此,系统稳定的充分必要条件是:系统闭环传递函数所有的极点必须处于复平面($[s]$平面)的左半部。

因此,如果能解出全部特征根,则立即可以判断系统是否稳定。通常对于高阶系统,求根本身不是一件容易的事。但是,根据上述结论,系统稳定与否,只要能判别其特征根实部的符号,而不必知道每个根的具体数值。因此,也可不必解出每个根的具体数值来进行判断。下面介绍的代数判据,就是利用特征方程的各项系数,直接判断其特征根是否都具有负实部,或是否都位于$[s]$平面的左半平面,以确定系统是否稳定的方法。代数判据中,有赫尔维茨稳定判据和劳斯稳定判据,两种判据基本类同。下面分别介绍这两种判据。

> 想一想:通过以上的学习你能从生活中找出哪些稳定的系统呢?

### 3.1.2 稳定判据

#### 1. 劳斯判据

设闭环系统的特征方程为

$$D(s) = a_n s^n + a_{n-1} s^{n-1} + \cdots + a_1 s + a_0 = 0$$

系统稳定的必要条件是 $a_i > 0$,否则系统不稳定。系统稳定的充要条件是劳斯表中第一列系数都大于零。劳斯表中各项系数如表3-2所示。

表3-2  劳斯表

| $s^n$ | $a_n$ | $a_{n-2}$ | $a_{n-4}$ | $a_{n-6}$ | $\cdots$ |
|---|---|---|---|---|---|
| $s^{n-1}$ | $a_{n-1}$ | $a_{n-3}$ | $a_{n-5}$ | $a_{n-7}$ | $\cdots$ |
| $s^{n-2}$ | $b_1 = \dfrac{a_{n-1} a_{n-2} - a_n a_{n-3}}{a_{n-1}}$ | $b_2 = \dfrac{a_{n-1} a_{n-4} - a_n a_{n-5}}{a_{n-1}}$ | $b_3$ | $b_4$ | $\cdots$ |
| $s^{n-3}$ | $c_1 = \dfrac{b_1 a_{n-3} - a_{n-1} b_2}{b_1}$ | $c_2 = \dfrac{b_1 a_{n-5} - a_{n-1} b_3}{b_1}$ | $c_3$ | $c_4$ | $\cdots$ |
| $\vdots$ | $\vdots$ | $\vdots$ | $\vdots$ | $\vdots$ | $\vdots$ |
| $s^n$ | $a_0$ | | | | |

下面对系统稳定的必要条件作简单说明:因为一个具有实系数的 $s$ 多项式,总可以分解成一次和二次因子的乘积,即$(s+a)$和$(s^2+bs+c)$,式中 $a$、$b$ 和 $c$ 都是实数,一次因子给出的是实根,而二次因子给出的则是多项式的复根。只有当 $b$ 和 $c$ 都是正值时,因子$(s^2+bs+c)$才能给出具有负实部的根。也就是说,为了使所有的根都具有负实部,则必须要求所有因子中的常数 $a$、$b$ 和 $c$ 等都是正值。很显然,任一个只包含正系数的一次因子和二次因子的乘积,必然也是一个具有正系数的多项式。但反过来就不一定了。因此,应当指出,所有系数都是正值这一条件,并不能保证系统一定稳定。系统特征方程所有系数 $a_i > 0$,只是系统稳定的必要条件,而不是充要条件。

【例3-1】 设有一个三阶系统,其特征方程为

$$D(s) = a_3 s^3 + a_2 s^2 + a_1 s + a_0 = 0$$

式中所有系数都大于零。试用劳斯判据判别系统的稳定性。

**解**：因为 $a_i > 0$，满足稳定的必要条件

列劳斯表

$$
\begin{array}{c|cc}
s^3 & a_3 & a_1 \\
s^2 & a_2 & a_0 \\
s^1 & \dfrac{a_1 a_2 - a_0 a_3}{a_2} & 0 \\
s^0 & a_0 &
\end{array}
$$

显然，当 $a_1 a_2 - a_0 a_3 > 0$ 时，系统稳定。

**【例 3-2】**  系统特征方程为

$$D(s) = s^4 + 2s^3 + 3s^2 + 4s + 5 = 0$$

试用劳斯判据判别系统的稳定性。

**解**：由已知条件可知，$a_i > 0$，满足必要条件。列劳斯表

$$
\begin{array}{c|ccc}
s^4 & 1 & 3 & 5 \\
s^3 & 2 & 4 & 0 \\
s^2 & \dfrac{2 \times 3 - 1 \times 4}{2} = 1 & \dfrac{2 \times 5 - 1 \times 0}{2} = 5 & \\
s^1 & \dfrac{1 \times 4 - 2 \times 3}{1} = -6 & 0 & \\
s^0 & 5 & &
\end{array}
$$

可见，劳斯表第一列系数不全大于零，所以系统不稳定。劳斯表第一列系数符号改变的次数等于系统特征方程正实部根的数目。因此例 3-2 系统有两个正实部的根，或者说有两个根处在 $[s]$ 平面的右半平面。

**【例 3-3】**  单位负反馈系统的开环传递函数为

$$G(s) = \frac{K}{s(0.1s + 1)(0.25s + 1)}$$

试确定系统稳定时 $K$ 值的范围，并确定当系统所有特征根都位于平行 $[s]$ 平面虚轴线 $s = -1$ 的左侧时的 $K$ 值范围。

**解**：系统闭环特征方程

$$s(0.1s + 1)(0.25s + 1) + K = 0$$

整理得

$$0.025s^3 + 0.35s^2 + s + K = 0$$

系统稳定的必要条件 $a_i > 0$，则要求 $K > 0$。列劳斯表

$$
\begin{array}{c|cc}
s^3 & 0.025 & 1 \\
s^2 & 0.35 & K \\
s^1 & \dfrac{0.35 - 0.025K}{0.35} & \\
s^0 & K &
\end{array}
$$

使
$$\frac{0.35-0.025K}{0.35}>0$$

得
$$K<14$$

可见,当系统增益 $0<K<14$ 时,系统才稳定。

根据题意第二部分的要求,特征根全部位于 $s=-1$ 线左侧,所以取 $s=s_1-1$ 代入原特征方程得

$$D(s_1)=0.025\ (s_1-1)^3+0.35\ (s_1-1)^2+(s_1-1)+K=0$$

整理得

$$s_1^3+11s_1^2+15s_1+(40K-27)=0$$

要求 $a_i>0$,则 $40K-27>0$ 得

$$K>0.675$$

列劳斯表

$$
\begin{array}{c|cc}
s_1^3 & 1 & 15 \\
s_1^2 & 11 & 40-27 \\
s_1^1 & \dfrac{11\times15-(40K-27)}{11} & \\
s_1^0 & 40K-27 &
\end{array}
$$

使
$$11\times15-(40K-27)>0$$

得
$$K<4.8$$

$40K-27>0$ 与 $a_i>0$ 的条件相一致。因此,$K$ 值范围为 $0.675<K<4.8$。显然,$K$ 值范围比原系统要小。

上述稳定判据虽然避免了解根的困难,但有一定的局限性。例如,当系统结构、参数发生变化时,将会使特征方程的阶次、方程的系数发生变化,而且这种变化是很复杂的,从而相应的劳斯表也将要重新列写,重新判别系统的稳定性。

如果系统不稳定,应如何改变系统结构、参数使其变为稳定的系统,代数判据难以直接给我们启示。

**2. 赫尔维茨稳定判据**

设闭环系统的特征方程为

$$D(s)=a_ns^n+a_{n-1}s^{n-1}+\cdots+a_1s+a_0=0 \qquad (3\text{-}1)$$

赫尔维茨稳定判据的必要条件是系统闭环传递函数特征方程的各项系数均大于零。凡不满足此必要条件的,系统必然不稳定。

赫尔维茨稳定判据指出,$n$ 阶系统特征方程的根均为负实部的充分条件是赫尔维茨稳定判据行列式 $\Delta_k(k=1,2,3,\cdots,n)$ 全部为正。根据林纳特-威伯特的证明,在特征方程式所有系数均大于零的情况下,奇数或偶数的赫尔维茨行列式的各阶子行列式均大于零为系统稳定的充分必要条件。因此,使用赫尔维茨稳定判据时,并不需要对所有赫尔维茨行列式进行验算,只需要检验 $\Delta_{n-1},\Delta_{n-3},\Delta_{n-5},\cdots$ 是否大于零即可。

赫尔维茨行列式的最高阶次为系统特征方程的阶数。赫尔维茨行列式的编写方法如下。

(1) 主对角线上的各元素由系数 $a_{n-1}$ 写至 $a_0$。

(2) 主对角线以上的各元素的下标递减,主对角线以下的各元素的下标递增。

（3）凡元素的下标号小于零或大于 $n$ 时，该元素均以零补足。

$$\Delta_k = \begin{vmatrix} a_{n-1} & a_{n-3} & a_{n-5} & \cdots & \cdots & 0 \\ a_n & a_{n-2} & a_{n-4} & \cdots & \cdots & 0 \\ 0 & a_{n-1} & a_{n-3} & \cdots & 0 & 0 \\ \cdots & \cdots & \cdots & & & \\ 0 & 0 & \cdots & a_3 & a_1 & 0 \\ 0 & 0 & \cdots & a_4 & a_2 & a_0 \end{vmatrix}$$

$$\Delta_1 = a_{n-1}, \quad \Delta_2 = \begin{vmatrix} a_{n-1} & a_{n-3} \\ a_n & a_{n-2} \end{vmatrix}, \quad \Delta_3 = \begin{vmatrix} a_{n-1} & a_{n-3} & a_{n-5} \\ a_n & a_{n-2} & a_{n-4} \\ 0 & a_{n-1} & a_{n-3} \end{vmatrix}$$

根据赫尔维茨稳定判据，可以方便地判定一、二阶系统的稳定条件是特征方程式的系数全部大于零；对于三阶系统，系统的特征方程式的系数均大于零时，只要 $\Delta_2$ 大于零，即可判定系统是稳定的；对于四阶系统，系统特征方程式的系数均大于零时，系统稳定的充分条件是 $\Delta_3$ 大于零。

赫尔维茨稳定判据主要用于判断系统稳定与否和确定系统参数的允许范围，但不能给出系统的稳定程度（相对稳定性），也不能提出改善系统相对稳定性的途径。对数频率稳定判据才能判断控制系统的稳定性及稳定程度。

赫尔维茨稳定判据可以确定系统个别参数变化对稳定性的影响，以及在系统稳定的前提下，这些参数允许的取值范围。使系统稳定的开环放大系数的临界值称为临界放大系数。

**【例 3-4】** 已知某系统框图如图 3-3 所示，确定使系统稳定 $K$ 的取值范围。

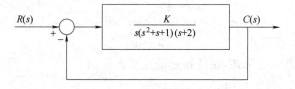

图 3-3  系统框图

**解**：系统的闭环传递函数为

$$\frac{C(s)}{R(s)} = \frac{\dfrac{K}{s(s^2+s+1)(s+2)}}{1+\dfrac{K}{s(s^2+s+1)(s+2)}} = \frac{K}{s^4+3s^3+3s^2+2s+K}$$

系统的特征方程为

$$D(s) = s^4 + 3s^3 + 3s^2 + 2s + K = 0$$

根据赫尔维茨稳定判据，系统稳定的必要条件是 $K>0$，系统稳定的充分条件是 $\Delta_3 = 2(9-2) - K \times 9 = 14 - 9K > 0$。故

$$0 < K < \frac{14}{9}$$

**【例 3-5】** 在如图 3-4 所示的调速系统框图中,若已知 $K_s = 40$,$T_d = 0.02s$,$K_e \Phi = 0.12V/(r/min)$,$\tau_0 = 5ms = 0.005s$,$\alpha = 0.01V/(r/min^{-1})$,比例调节器的增益 $K_p$ 为待定量,求该系统的稳定条件。其中,$T_m = 0.1$,$T_d = 0.02$。

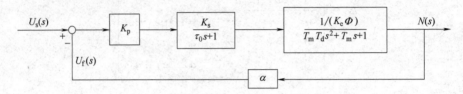

图 3-4    晶闸管直流调速系统框图

**解:** 由图 3-4 可得系统的闭环传递函数

$$G(s) = \frac{N(s)}{U_s(s)} = \frac{K_p K_s/(K_e \Phi)}{(\tau_0 s + 1)(T_m T_d s^2 + T_m s + 1) + K_p K_s \alpha/(K_e \Phi)}$$

$$= \frac{K/\alpha}{T_m T_d \tau_0 s^3 + (T_m T_d + T_m \tau_0)s^2 + (T_m + \tau_0)s + (1 + K)} \tag{3-2}$$

式中:$K = K_p K_s \alpha/(K_e \Phi)$。

由式(3-2)可得该系统的特征方程(此为三阶系统)

$$D(s) = T_m T_d \tau_0 s^3 + (T_m T_d + T_m \tau_0)s^2 + (T_m + \tau_0)s + (1 + K) = 0$$

上式可以写成

$$D(s) = a_3 s^3 + a_2 s^2 + a_1 s + a_0 = 0$$

式中:$a_3 = T_m T_d \tau_0$;$a_2 = T_m T_d + T_m \tau_0$;$a_1 = T_m + \tau_0$;$a_0 = 1 + K$;$K = K_p K_s \alpha/(K_e \Phi)$($K$ 为系统开环放大倍数)。

建立维茨行列式如下。

$$\Delta_3 = \begin{vmatrix} a_2 & a_0 & 0 \\ a_3 & a_1 & 0 \\ 0 & a_2 & a_0 \end{vmatrix}$$

由赫尔维茨稳定判据可知,系统稳定的充要条件如下。

(1) $a_3$、$a_2$、$a_1$、$a_0$ 均为正值。

(2) $\Delta_1 = a_2 = T_m T_d + T_m \tau_0 > 0$

$$\Delta_2 = \begin{vmatrix} a_2 & a_0 \\ a_3 & a_1 \end{vmatrix} = a_2 a_1 - a_3 a_0$$

$$\Delta_3 = a_0 \Delta_2$$

故,若 $\Delta_2 > 0$,即能满足条件。于是系统稳定的充分必要条件变为 $\Delta_2 > 0$,即 $a_2 a_1 - a_3 a_0 > 0$。代入各系数的值有

$$(T_m T_d + T_m \tau_0)(T_m + \tau_0) - T_m T_d \tau_0 (1 + K) > 0$$

整理上式并代入具体数值,可得

$$K < \frac{T_m}{\tau_0} + \frac{T_m}{T_d} + \frac{\tau_0}{T_d} = \frac{0.1}{0.005} + \frac{0.1}{0.02} + \frac{0.005}{0.02} \approx 25$$

由上式可见,要保证系统稳定,则其开环放大倍数 $K$ 应小于 25。使系统处于稳定边界的放大倍数称为临界放大倍数 $K_c$。此处 $K_c=25$。

由于 $K=K_p K_s \alpha/(K_e \Phi)$,有 $K_p=\dfrac{K(K_e\Phi)}{K_s\alpha}<\dfrac{25\times 0.12}{40\times 0.01}=7.5$。

故要保证系统处于稳定状态,则此系统的比例调节器的增益要小于 7.5。

由以上分析可见,当 $K<K_c$ 时,系统将是稳定的;当 $K>K_c$ 时,系统将变为不稳定了;当 $K=K_c$ 时,系统处于稳定边界。

应用代数判据只能判断系统是否处于稳定,若判明系统是稳定的,但仍不知系统稳定的程度,这是代数判据的不足之处。

由图 3-5 与图 3-6 分析可得,当系统比例调节器增益大于 7.5 时,系统的稳定性能将会明显下降甚至不稳定;比例调节器的增益为 7.5 时是系统临界稳定点,此时系统的动态性能(相对稳定性)较差,但其稳态性能较好。当给定输入为 10V 时,其稳定转速为 962rad/s。

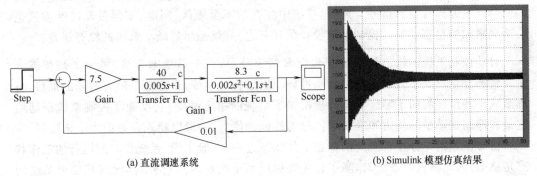

(a) 直流调速系统　　　　　　　　　　　　(b) Simulink 模型仿真结果

图 3-5　单闭环直流调速 MATLAB 仿真一

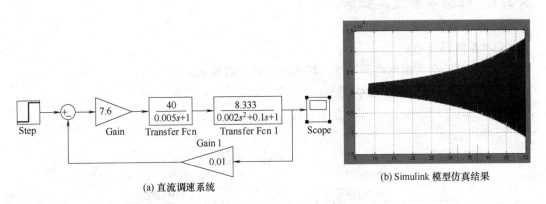

(a) 直流调速系统

(b) Simulink 模型仿真结果

图 3-6　单闭环直流调速 MATLAB 仿真二

# 任务 3.2　单闭环直流调速系统的稳态性能分析

## 【任务引入】

一个稳定的系统在典型外作用下经过一段时间后就会进入稳态,控制系统的稳态精度是其重要的技术指标。稳态误差必须在允许范围之内,控制系统才有使用价值。例如,工业加热炉的炉温误差超过限度就会影响产品质量,轧钢机的辊距误差超过限度就轧不出合格的钢材,导弹的跟踪误差若超过允许的限度就不能用于实战等。

**【学习目标】**

(1) 理解自动控制系统稳态误差的概念。

(2) 学会计算参考输入下的稳态误差。

(3) 学会计算扰动作用下的稳态误差。

**【任务分析】**

控制系统的稳态误差是系统控制精度的一种度量,是系统的稳态性能指标。由于系统自身的结构参数、外作用的类型(控制量或扰动量)以及外作用的形式(阶跃、斜坡或加速度等)不同,控制系统的稳态输出不可能在任意情况下都与输入量(希望的输出)一致,因而会产生原理性稳态误差。此外,系统中存在的不灵敏区、间隙、零漂等非线性因素也会造成附加的稳态误差。控制系统设计的任务之一,就是尽量减小系统的稳态误差。

自动控制系统的输出量一般都包含着两个分量,一个是稳态分量,另一个是暂态分量。暂态分量反映了控制系统的动态性能。对于稳定系统,暂态分量随着时间的推移,将逐渐减小并最终趋向于零。稳态分量反映了系统的稳态性能,它反映了控制系统跟随给定量和抑制扰动量的能力和准确度。稳态性能的优劣,一般以稳态误差的大小来度量。

稳态误差始终存在于系统的稳态工作状态之中,一般来说,系统长时间运行的工作状态是稳态,因此在设计系统时,除了首先要保证系统的稳定运行外,其次就是要求系统的稳态误差小于规定的容许值。

## 3.2.1　稳态误差及其概念

### 1. 系统稳态误差的概念

(1) 系统误差 $e(t)$

下面以图 3-7 所示的典型系统来说明系统误差的概念。

系统误差 $e(t)$ 的一般定义:希望值 $c_r(t)$ 与实际值 $c(t)$ 之差。即

$$\varepsilon(t) = c_r(t) - c(t)$$

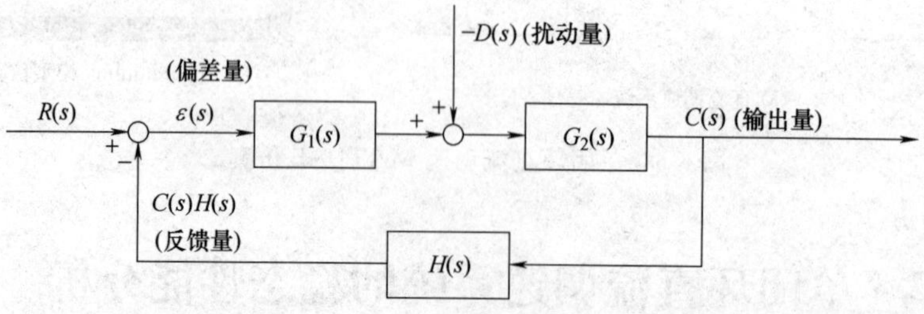

图 3-7　典型系统框图

系统误差的拉氏式为

$$E(s) = C_r(s) - C(s) \tag{3-3}$$

对于输出希望值,通常以偏差信号 $\varepsilon$ 为零来确定希望值,即

$$\varepsilon(s) = R(s) - H(s)C_r(s) = 0$$

于是,输出希望值(拉氏式)

$$C_r(s) = \frac{R(s)}{H(s)}$$

代入式(3-3),系统误差(拉氏式)为

$$E(s) = \frac{R(s)}{H(s)} - C(s) \tag{3-4}$$

系统的实际输出量有

$$C(s) = \frac{G_1(s)G_2(s)}{1 + G_1(s)G_2(s)H(s)}R(s) + \frac{G_2(s)}{1 + G_1(s)G_2(s)H(s)}[-D(s)] \tag{3-5}$$

式中:$R(s)$ 为输入量(拉氏式);$-D(s)$ 为扰动量(拉氏式)。

于是,以 $C(s)$ 及 $C_r(s)$ 的值代入式(3-3)可得系统误差 $E(s)$

$$E(s) = C_r(s) - C(s)$$

$$= \frac{R(s)}{H(s)} - \left[ \frac{G_1(s)G_2(s)}{1 + G_1(s)G_2(s)H(s)}R(s) - \frac{G_2(s)}{1 + G_1(s)G_2(s)H(s)}D(s) \right]$$

$$= \frac{1}{[1 + G_1(s)G_2(s)H(s)]H(s)}R(s) + \frac{G_2(s)}{1 + G_1(s)G_2(s)H(s)}D(s)$$

$$= E_r(s) + E_d(s)$$

式中:$E_r(s)$ 为输入量产生的误差(拉氏式)(又称跟随误差)。

$$E_r(s) = \frac{1}{[1 + G_1(s)G_2(s)H(s)]H(s)}R(s) \tag{3-6}$$

$E_d(s)$ 为扰动量产生的误差(拉氏式)

$$E_d(s) = \frac{G_2(s)}{1 + G_1(s)G_2(s)H(s)}D(s) \tag{3-7}$$

对 $E_r(s)$ 进行拉氏反变换,即可得 $e_r(t)$,$e_r(t)$ 为跟随动态误差。

对 $E_d(s)$ 进行拉氏反变换,即可得 $e_d(t)$,$e_d(t)$ 为扰动动态误差。

两者之和即为系统的动态误差

$$e(t) = e_r(t) + e_d(t) \tag{3-8}$$

式(3-8)表明,系统的误差 $e(t)$ 为时间的函数,是动态误差,它是跟随动态误差 $e_r(t)$ 和扰动动态误差 $e_d(t)$ 的代数和。

对稳定的系统,当 $t \to \infty$ 时,$e(t)$ 的极限值即为稳态误差 $e_{ss}$,即

$$e_{ss} = \lim_{t \to \infty} e(t) \tag{3-9}$$

(2) 系统误差的概念

利用拉氏变换终值定理可以直接由拉氏式 $E(s)$ 求得稳态误差。即

$$e_{ss} = \lim_{t \to \infty} e(t) = \lim_{s \to 0} sE(s) \tag{3-10}$$

由式(3-6)~式(3-10)有

① 输入稳态误差(跟随稳态误差)

$$e_{ssr} = \lim_{t \to \infty} sE_r(s) = \lim_{s \to 0} \frac{sR(s)}{[1 + G_1(s)G_2(s)H(s)]H(s)} \tag{3-11}$$

② 扰动稳态误差

$$e_{ssd} = \lim_{t \to \infty} sE_d(s) = \lim_{s \to 0} \frac{sG_2(s)D(s)}{1 + G_1(s)G_2(s)H(s)} \tag{3-12}$$

于是系统的稳态误差有

$$e_{ss} = e_{ssr} + e_{ssd} \tag{3-13}$$

由式(3-11)~式(3-13)可见,式中 $G_1(s)$、$G_2(s)$、$H(s)$ 取决于系统的结构、参数;$R(s)$ 取决于输入,$D(s)$ 取决于外界扰动的影响;式(3-12)分子中的 $G_2(s)$ 取决于扰动作用量的作用点。因此有以上分析可见:系统的稳态误差由跟随误差和扰动误差两部分组成。它们不仅和系统的结构、参数有关,而且还和作用量(输入量和扰动量)的大小、变化规律和作用有关。

> **想一想:** 试举出一个系统,指出哪些误差是跟随误差,哪些误差是扰动误差?

### 2. 系统稳态误差与系统型别

一个复杂的控制系统通常可以看成有一些典型的环节组成。设控制系统的传递函数为

$$G(s) = \frac{K \prod (\tau s + 1)(b_2 s^2 + b_1 s + 1)}{s^v \prod (Ts + 1)(a_2 s^2 + a_1 s + 1)} \tag{3-14}$$

在这些典型环节中,当 $s \to 0$ 时,除 $K$ 和 $s^v$ 外,其他各项均趋于1,这样,系统的稳态误差将主要取决于系统中的比例和积分环节。这是一个十分重要的结论。

系统的稳态误差与系统中所包含的积分环节的个数 $v$ 有关,因此工程上往往把系统中所包含的积分环节的个数 $v$ 称为系统型别,或无静差度。

若 $v = 0$,称为 0 型系统(又称零阶无静差);

若 $v = 1$,称为 Ⅰ 型系统(又称一阶无静差);

若 $v = 2$,称为 Ⅱ 型系统(又称二阶无静差)。

由于含有两个以上环节的系统不宜稳定,所以很少采用 Ⅱ 型以上的系统。

### 3. 参考输入下的稳态误差

(1) 典型输入信号

由系统误差的定义可知,对变化规律不同的输入信号,系统的稳态误差也将是不同的。在实际上,用常用的三种典型输入信号来进行分析,它们是

① 阶跃信号          $r(t) = 1, \quad R(s) = \dfrac{1}{s}$

② 等速信号(斜坡信号)      $r(t) = t, \quad R(s) = \dfrac{1}{s^2}$

③ 等加速度信号(抛物线信号)    $r(t) = \dfrac{1}{2}t^2, \quad R(s) = \dfrac{1}{s^3}$

(2) 系统跟随稳态误差与系统型别、输入信号类型间的关系

现假设某系统的前向通道的传递函数为 $G_0(s) = \dfrac{K}{s^v}$($v$ 为系统的型号),反馈通道的传递函数为 $\alpha$。根据式(3-11)可知

$$e_{ssr} = \lim_{s \to 0} \frac{sR(s)}{\left(1 + \dfrac{K}{s^{\upsilon}}\right)\alpha} \approx \lim_{s \to 0} \frac{sR(s)}{\dfrac{\alpha K}{s^{\upsilon}}} = \lim_{s \to 0} \frac{s^{\upsilon+1}}{\alpha K}R(s) \qquad (3\text{-}15)$$

注：若 $\upsilon = 0$，或不满足 $K \gg 1$，则不可采用近似公式。

代入式(3-15)，对不同型别系统的稳态误差如表 3-3 所示。

表 3-3　系统稳态误差与输入信号及系统型别间的关系

| 输入信号<br>系统型别 | 单位阶跃信号<br>$r(t) = 1$ | 等速度信号<br>$r(t) = t$ | 等加速度信号<br>$r(t) = \dfrac{1}{2}t^2$ |
|---|---|---|---|
| 0 型系统 | $\dfrac{1/\alpha}{1+K}$ | $\infty$ | $\infty$ |
| Ⅰ 型系统 | 0 | $\dfrac{1/\alpha}{K}$ | $\infty$ |
| Ⅱ 型系统 | 0 | 0 | $\dfrac{1/\alpha}{K}$ |

(3) 系统跟随稳态误差分析

对位置随动系统，由以上分析可得如下结论。

① 输入为阶跃信号(输入为一确定的位移量)。若系统前行通道不含积分环节，则其稳态误差 $e_{ssr} = 1/[\alpha(1+K)]$，系统开环增益 $K$ 越大，$e_{ssr}$ 越小，系统稳态精度越高。若系统含有积分环节，便能实现无静差($e_{ssr} = 0$)，系统最后无偏差地定位到所需位置。

② 输入信号为斜坡信号(参考输入位移作匀速变化)。这时若系统不含积分环节，则系统将无法进行跟随($e_{ssr} = \infty$)，若含一个积分环节，则 $e_{ssr} = 1/(\alpha K)$，增益越大，稳态精度越高。若要实现无偏差地跟随做匀速运动，则要求系统含有两个积分环节。

③ 输入为抛物线信号(参考输入位移做匀加速度运动)。这时系统至少需要含有两个积分环节，才能实现有一定误差的跟随运动，若要求系统无误差地跟随，则需要含三个积分环节。

综上所述，若系统含有积分环节数目($\upsilon$)多、开环放大倍数 $K$ 大，则系统的稳态性能越好；但在上一个任务中已知，$\upsilon$ 多、$K$ 大将使系统的稳定性能变差。这表明，对自动控制系统，它的稳态性能和稳定性能往往是矛盾的。

**4. 扰动输入下的稳态误差**

对扰动稳态误差以图 3-8 所示系统为例，在系统框图中，有 $D_1(s)$、$D_2(s)$ 两个作用点不同的扰动量，下面分别讨论它们对系统稳态误差的影响。

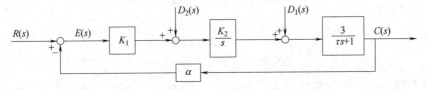

图 3-8　不同作用点扰动输入下的稳态误差

(1) $D_1(s)$ 作用下的稳态误差 $e_{ssd1}$

令 $R(s) = 0$、$D_2(s) = 0$、$D_1(s) = \dfrac{1}{s}$，由式(3-12)可知扰动误差为

$$e_{\text{ssd1}} = \lim_{s \to 0} \frac{s \times \dfrac{K_3}{\tau s+1} \times \dfrac{1}{s}}{1+K_1 \times \dfrac{K_2}{s} \times \dfrac{K_3}{\tau s+1}} = \lim_{s \to 0} \frac{K_3 s}{s(\tau s+1)+K_1 K_2 K_3} = 0$$

（2）$D_2(s)$作用下的稳态误差 $e_{\text{ssd2}}$

令 $R(s)=0$、$D_1(s)=0$、$D_2(s)=\dfrac{1}{s}$，由式（3-12）可知扰动误差为

$$e_{\text{ssd1}} = \lim_{s \to 0} \frac{s \times \dfrac{K_2}{s} \times \dfrac{K_3}{\tau s+1} \times \dfrac{1}{s}}{1+K_1 \times \dfrac{K_2}{s} \times \dfrac{K_3}{\tau s+1}} = \lim_{s \to 0} \frac{K_2 K_3}{s(\tau s+1)+K_1 K_2 K_3} = \frac{1}{K_1}$$

由上述分析可知，扰动输入时的稳态误差特点如下。

① 若扰动作用点之前有一个积分环节，如 $D_1(s)$，则阶跃扰动时的稳态误差为零。

② 若扰动作用点之前无积分环节，如 $D_2(s)$，则阶跃扰动时的稳态误差不为零，其值与扰动作用点前的 $K_1$ 有关。$K_1$ 越大，则稳态误差越小，但相对稳定性也降低。

综上所述，扰动稳态误差 $e_{\text{ssd}}$ 与扰动作用点前的前向通道积分环节数目 $v$ 和增益 $K$ 有关。

### 3.2.2  单闭环直流调速系统稳态误差性能分析

（1）随动控制系统的稳态性能特点如下。

① 随动系统的给定量是不断变化的，输入信号可能是位置的突变（阶跃信号），也可能是位置的等速递增（等速信号）或者是速度的等速递增（加速度信号）。

② 对随动系统来讲，主要误差是跟随稳态误差。

【例3-6】 控制系统如图3-9所示，输入信号 $r(t)=1$，试分别确定当 $\alpha$ 为 1 和 0.1 时，系统输出量的稳态误差。

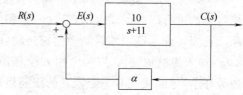

图 3-9  控制系统框图

**解**：系统的开环传递函数为 $G(s)=\dfrac{10}{s+11}$，为 0 型系统，故 $v=0$；由于 $r(t)=1$，故 $R(s)=\dfrac{1}{s}$；$K=10$。

当 $\alpha=1$ 时，$e_{\text{ssr}}=\lim_{s \to 0} \dfrac{s^{v+1}}{\alpha K} R(s)=\lim_{s \to 0} \dfrac{s}{10} \cdot \dfrac{1}{s}=0.1$。

当 $\alpha=0.1$ 时，$e_{\text{ssr}}=\lim_{s \to 0} \dfrac{sR(s)}{\left(1+\dfrac{K}{s^v}\right)\alpha}=\lim_{s \to 0} \dfrac{s \times \dfrac{1}{s}}{(1+1) \times 0.1}=5$。

【例3-7】 已知单位负反馈系统的开环传递函数 $G(s)=\dfrac{10(s+1)}{s^2(s+4)}$，当参考输入为 $r(t)=4+6t+3t^2$ 时，试求该系统的稳态误差。

**解**：由于系统为 Ⅱ 型系统，所以对阶跃输入和斜坡输入下的稳态误差为零，对抛物线输入，由于

$$\upsilon=2,\quad K=10,\quad \alpha=1,\quad r(t)=3t^2,\quad R(s)=\frac{6}{s^3}$$

所以稳态误差为

$$e_{ssr}=\lim_{s\to0}\frac{s^{\upsilon+1}}{\alpha K}R(s)=\lim_{s\to0}\frac{s^3}{10}\cdot\frac{6}{s^3}=\frac{6}{10}=0.6$$

（2）自动调速系统（恒值控制）系统的稳态性能的特点如下。

① 自动调速系统是恒值系统，其给定量是恒定的，因此给定量产生的稳态误差总是可以通过调节给定量加以补偿的。所以，对于自动调速系统来说，主要误差是扰动量产生的稳态误差。这是因为扰动量是事先无法确定的，并且在不断变化。

② 对于恒值控制系统来说，作用信号一般都以阶跃信号为代表，这是因为从稳态性能来看，阶跃信号是一个恒值控制信号，从动态来看，阶跃信号是突变信号中最严重的一种输入信号。因此，对于恒值控制系统，其扰动量一般以 $D(s)=D/s$ 为代表。

$$e_{ssd}=\lim_{s\to0}\frac{s^{\upsilon_1+1}}{\alpha K_1}D(s)=\lim_{s\to0}\frac{s^{\upsilon_1+1}}{\alpha K_1}\cdot\frac{D}{s}=\lim_{s\to0}\frac{s^{\upsilon_1}D}{\alpha K_1}\tag{3-16}$$

由式（3-16）可知，要使自动调速系统实现无静差，则在扰动量作用点的前向通道中应含有积分环节；要减小稳态误差，则应使作用点前的前向通道中增益 $K_1$ 适当大一些。

自动调速系统的稳态误差用转速降落 $\Delta n$ 来表示（即 $e_{ssr}=\Delta n$）。转速降落 $\Delta n$ 对应额定转速的相对值称静差率 $s$，而调速系统的静差率通常对最低额定转速而言，即

$$s=\frac{\Delta n_N}{n_{\min}}\times100\%$$

式中：$\Delta n_N$ 为负载由空载到额定负载的转速降落（它就是由负载阶跃扰动产生的稳态误差）；$n_{\min}$ 为系统最低的额定转速。

对于不同的生产机械，允许的调速静差率也是不同的，如普通车床允许静差率为 $10\%\sim20\%$，龙门刨床为 $6\%$，冷轧机为 $2\%$，热轧机为 $0.2\%\sim0.5\%$，造纸机为 $1\%$ 以下等。

【例 3-8】　在图 3-10 所示的调速系统中，已知电网电压波动值（扰动量）$\Delta U(s)=-\dfrac{20}{s}$，①求电网电压波动产生的转速降落 $\Delta n$；②若系统的额定给定量 $U_s(s)=\dfrac{10}{s}$，求此时系统的稳态输出 $n_N$；③此时的相对转速降落 $\Delta n/n_N$ 为多少？（式中的 $n_N$ 为额定转速）

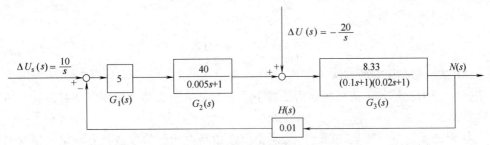

图 3-10　晶闸管直流调速系统框图

**解**：由图 3-7 可见，$\Delta U$ 作用点前的积分环节个数 $v_1 = 0$，作用点前的增益 $K_1 = 5 \times 40 = 200$，于是由式(3-16)有

① $\Delta n = \lim\limits_{s \to 0} \dfrac{s^{v_1} \Delta U}{\alpha K_1} = \dfrac{-20}{0.01 \times 200} = -10 \text{r/min}$

若不按式(3-16)的近似计算，而按式(3-12)的准确计算公式计算，则 $\Delta n = -9.4 \text{r/min}$。

② 系统的稳态误差输出 $n$ 由式(3-10)根据终值定理有

$$n = \lim_{s \to 0} sN(s) = n_N + \Delta n$$

$$= \lim_{s \to 0} \left[ \frac{sG_1(s)G_2(s)G_3(s) \times (10/s)}{1 + G_1(s)G_2(s)G_3(s)H(s)} + \frac{sG_3(s) \times (-20/s)}{1 + G_1(s)G_2(s)G_3(s)H(s)} \right]$$

$$= \frac{5 \times 40 \times 8.33 \times 10}{1 + 5 \times 40 \times 8.33 \times 0.01} - \frac{8.33 \times 20}{1 + 5 \times 40 \times 8.33 \times 0.01}$$

$$= 943 - 9.4 = 933.6 \text{r/min}$$

式中：943r/min 为额定给定量下的输出，即额定转速 $n_N$；$-9.4\text{r/min}$ 为电网电压波动（突降 20V）产生的转速降落 $\Delta n$。

③ MATLAB 仿真结果

a. 将给定输入信号设定为 0，扰动输入信号设置为 20，求得系统的输出即为稳态输出 $n_N$，从仿真结果可以看出约为 943r/min，如图 3-11 所示。

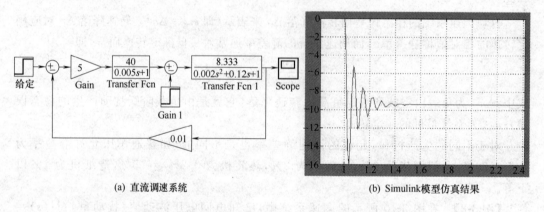

(a) 直流调速系统          (b) Simulink模型仿真结果

图 3-11　晶闸管直流调速 MATLAB 仿真——电网扰动输出

b. 将扰动输入信号设定为 0，给定输入信号设置为 10，求得系统的输出即为稳态输出 $n_N$，从仿真结果可以看出约为 943r/min，如图 3-12 所示。

④ 相对转速降落为

$$\frac{\Delta n}{n_N} = \frac{-9.4}{943} \approx -1\%$$

**(3) 减小稳态误差的方法**

通过上面的分析，下面概括出为了减小系统给定量或扰动量作用下的稳态误差所采取的几种方法。

① 保证系统中各环节（或元件）特别是反馈回路中元件的参数具有一定的精度和恒定性，必要时需采取误差补偿措施。

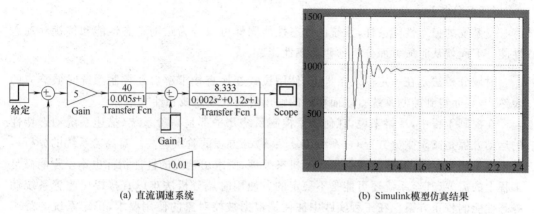

(a) 直流调速系统　　　　　　　　　　(b) Simulink模型仿真结果

图 3-12　晶闸管直流调速 MATLAB 仿真——额定转速

② 增大系统的开环放大系数,以提高系统对给定输入的跟踪能力;增大扰动作用前系统前向通道的增益,以降低扰动稳态误差。

增大系统的开环放大系数是降低稳态误差的一种简单而有效的方法,但增大开环放大系数的同时会使系统的稳定性降低。为了解决这个矛盾,在增大开环放大系数的同时应附加校正装置,以确保系统的稳定性。

③ 增加系统前向通道中积分环节的个数,使系统型号提高,可以消除不同输入信号时的稳态误差。但是,积分环节的个数增加会降低系统的稳定性,并影响系统的其他动态指标。在过程控制系统中,采用比例-积分调节器可以消除系统在扰动作用下的稳态误差,但是为了保证系统的稳定性,相应地要降低比例增益。如果采用比例-积分-微分调节器,则可以得到更满意的调节效果。

④ 用前馈增益控制(复合控制)。为了进一步减小给定量和扰动量的稳态误差,可以采用补偿的方法。所谓的补偿,是指作用于控制对象的控制信号中,除了偏差信号外,还引入与扰动或给定量有关的补偿信号,以提高系统的控制精度,减小误差。这种控制称为复合控制或前馈控制。

# 任务 3.3　单闭环直流调速系统的动态性能分析

**【任务引入】**

对一个已经满足了稳定性能要求的系统,除了要求有较好的稳态性能外,对要求较高的系统,还要求有较好的动态性能,也即希望系统的最大动态误差小一些,过渡过程时间短一些,振荡次数少一些。

**【学习目标】**

(1) 掌握时域分析法。

(2) 学会分析一阶系统的动态性能。

(3) 掌握二阶系统的动态指标与参数之间的关系。

**【任务分析】**

　　与系统的稳态性能一样,系统的动态性能同样可以分为跟随动态性能和抗扰动动态性能。下面就从时域方面分析这些动态性能。

　　时域分析法是在一定输入条件下,使用拉式变换直接求解自动控制系统时域响应的表达式,从而得到控制系统直观而精确的输出时间响应曲线和性能指标。

　　在控制工程中,严格来说,任何一个控制系统几乎都是高阶系统(描述系统动态特性的运动方程是高阶微分方程)。系统越复杂,微分方程的阶次越高。对高阶系统的分析一般来说是相当复杂的,即使我们用计算机来处理,所求出响应的性能指标也不一定能满足工程上的需要,甚至系统还可能是不稳定的。使用时域分析法难以直接提出改善系统动静态性能的校正方案。在工程实践中往往是根据被控对象的使用要求,确定系统的静态和动态性能指标,再根据性能指标的要求确定预期响应曲线,进而通过校正的方法人为地改变系统的结构、参数和性能,使之满足所要求的性能指标。它并不要求校正后的响应曲线严格按照预期的响应曲线变化,而只要求它的变化趋势与预期响应曲线一致,并满足性能指标的要求即可。工程上常将一阶系统、二阶系统等的响应曲线作为自动控制系统的预期时域响应曲线。为了对系统的动态性能指标进行比较和研究,通常选用单位阶跃函数作为输入信号。下面我们就分别对一阶系统、二阶系统的单位阶跃响应进行动态性能分析。

### 3.3.1　一阶系统的动态性能分析

　　典型一阶系统框图如图 3-13 所示。

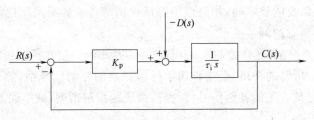

图 3-13　典型一阶系统框图

　　当 $D(s)=0$ 时,系统参考输入量的传递函数为

$$G_R(s)=\frac{C_R(s)}{R(s)}=\frac{1}{\dfrac{\tau_i}{K_p}s+1}=\frac{1}{\tau s+1}=\frac{1/\tau}{s+1/\tau} \tag{3-17}$$

式中:$\tau_i$ 为积分环节时间常数;$\tau$ 为典型一阶系统时间常数,$\tau=\tau_i/K_p$。

　　当 $r(t)=1$ 时,$R(s)=1/s$,则有

$$C_R(s)=\frac{1/\tau}{s(s+1/\tau)} \tag{3-18}$$

由拉氏反变换可得

$$c_r(t)=L^{-1}\left(\frac{1}{s}+\frac{-1}{s+1/\tau}\right)=1-e^{-\frac{1}{\tau}t} \tag{3-19}$$

　　由式(3-19)可知:闭环系统传递函数为一阶惯性环节,式中第一项为单位阶跃响应的

稳态分量，它等于单位阶跃信号的幅值，式中第二项为瞬态分量。一阶系统单位阶跃响应曲线如图 3-14 所示。

由上述分析可得如下结论。

（1）时间常数 $\tau$ 是表征系统响应的唯一参数，它与系统响应之间具有确定的对应关系。例如：$t=\tau$ 时，$c_r(t)=0.632$，$t=(2\sim4)\tau$ 时所对应的 $c_r(t)$ 值如图 3-14 所示。用实验法取一阶系统时间常数 $\tau$ 的方法如图 3-14 所示。

（2）系统响应曲线在 $t=0$ 出的斜率最大，即

$$\left.\frac{\mathrm{d}c_r(t)}{\mathrm{d}t}\right|_{t=0}=\left.\left(\frac{1}{\tau}\mathrm{e}^{-\frac{1}{\tau}t}\right)\right|_{t=0}=\frac{1}{\tau}\quad(3\text{-}20)$$

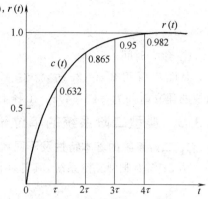

图 3-14　典型一阶系统阶跃响应

运用这一特点也可以通过实验法求取时间常数 $\tau$。同时，这一特点也是区分一阶系统和非周期响应曲线与高阶系统的无超调响应曲线的基本标志，后者在 $t=0$ 处的斜率为 0。

（3）由 $c_r(t)$ 的计算过程可得以下结论。

① $c_r(t)$ 由两个分量组成。其中一个分量 $-\mathrm{e}^{-\frac{1}{\tau}t}$ 是随时间衰减的，称为暂态分量（或瞬间分量）；另一个分量与输入信号成正比，称为稳态分量。稳态分量与输入信号 $R(s)=1/s$ 的极点 $s=0$ 有关，而与传递函数的极点无关；暂态分量与传递函数 $G_R(s)=1/(\tau s+1)$ 的极点 $s=-1/\tau$ 有关。

② 在暂态分量尚未衰减到零时，输出响应就不可能与输入信号同规律变化，也就是说在动态过程中存在误差（称为动态误差）。可见，动态误差是由暂态分量决定的。

③ 上述两个分量的概念适合于任何系统。

同理，可以求出一阶系统对单位脉冲函数、单位斜坡函数和单位抛物线函数的响应，如表 3-4 所示。

表 3-4　一阶系统对典型输入信号的响应

| $r(t)$ | $c(t)$ | $r(t)$ | $c(t)$ |
|---|---|---|---|
| $\delta(t)$ | $\dfrac{1}{\tau}\mathrm{e}^{-\frac{1}{\tau}t}$ | $t$ | $t-\tau(1-\mathrm{e}^{-\frac{1}{\tau}t})$ |
| $1$ | $1-\mathrm{e}^{-\frac{1}{\tau}t}$ | $\dfrac{1}{2}t^2$ | $\dfrac{1}{2}t^2-\tau t-\tau^2(1-\mathrm{e}^{-\frac{1}{\tau}t})$ |

从表 3-4 可以看出：系统对输入信号导数的响应等于系统对该输入信号响应的导数；系统对输入信号积分的响应等于该系统对输入信号响应的积分，其积分常数由输出响应的初始条件确定。这一重要特性适用于任何阶次的线性定常系统。

（4）一阶系统的动态性能指标如下。

① 上升时间 $t_r$。上升时间一般指系统响应曲线第一次上升到稳态值所需要的时间，对于无振荡的系统则定义为从稳态值的 10% 上升到 90% 所需要的时间。

$$0.1 = 1 - e^{-\frac{1}{\tau}t_1}$$

$$0.9 = 1 - e^{-\frac{1}{\tau}t_2}$$

$$t_r = t_2 - t_1 \approx 2.2\tau$$

② 建立时间 $t_s$。

从图 3-14 可知：$t = 3\tau$ 时，$\delta = 0.05$；$t = 4\tau$，$\delta < 0.02$。由此可知一阶系统单位阶跃响应曲线的建立时间 $t_s = (3 \sim 4)\tau$。工程上一般认为 $t = t_s$ 时系统的瞬间过程已经结束。

### 3.3.2　典型二阶系统的单位阶跃响应

**1. 二阶系统的基本特性及不同状态下传递函数与阶跃响应**

图 3-15 为典型二阶系统，其开环传递函数为

$$G_0(s) = \frac{K}{s(\tau s + 1)} = \frac{\omega_n^2}{s(s + 2\xi\omega_n)} \tag{3-21}$$

式中：$K$ 为系统的开环放大系数，$K = K_1 K_2$；$\omega_n$ 为无阻尼自然角频率，$\omega_n = \sqrt{\dfrac{K}{\tau}}$；$\xi$ 为阻尼比，$\xi = \dfrac{1}{2\sqrt{\tau K}}$。

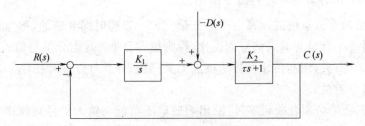

图 3-15　二阶系统框图

当 $D(s) = 0$ 时，参考输入下的传递函数

$$G_R(s) = \frac{C(s)}{R(s)} = \frac{K}{\tau s^2 + s + K} = \frac{\omega_n^2}{s^2 + 2\xi\omega_n s + \omega_n^2} \tag{3-22}$$

令式(3-22)的分母等于零，得到系统的特征方程式

$$s^2 + 2\xi\omega_n s + \omega_n^2 = 0 \tag{3-23}$$

特征方程的根，即闭环传递函数的极点为

$$s_{1,2} = -\xi\omega_n \pm \omega_n\sqrt{\xi^2 - 1} \tag{3-24}$$

(1) 当 $\xi = 0$(无阻尼或零阻尼)时

特征方程的根 $s_{1,2} = \pm j\omega_n$，即为一对纯虚根。以 $\xi = 0$ 其阶跃响应为

$$C(s) = \frac{\omega_n^2}{s^2 + \omega_n^2} \cdot \frac{1}{s} \tag{3-25}$$

对照式(3-25)和表 2-1，可得

$$c(t) = 1 - \cos\omega_n t \tag{3-26}$$

由式(3-26)可见，无阻尼时的阶跃响应为等幅振荡曲线，又称自由振荡曲线，其振荡频率为 $\omega_n$，称为自由振荡频率。无阻尼时的阶跃响应，见图 3-16 中 $\xi = 0$ 的曲线。

（2）当 $0<\xi<1$（欠阻尼）时

特征方程的根 $s_{1,2}=-\xi\omega_n\pm j\omega_n\sqrt{1-\xi^2}$，是一对共轭复根。

通常令

$$\omega_d=\omega_n\sqrt{1-\xi^2} \tag{3-27}$$

则

$$s_{1,2}=-\xi\omega_n\pm j\omega_d$$

其阶跃响应为

$$C(s)=\frac{\omega_n^2}{s^2+2\xi\omega_ns+\omega_n^2}\cdot\frac{1}{s}\qquad(0<\xi<1) \tag{3-28}$$

对照式（3-28）和表 2-1，可得

$$c(t)=1-\frac{e^{-\xi\omega_nt}}{\sqrt{1-\xi^2}}\sin(\omega_dt+\varphi) \tag{3-29}$$

上式中：

$$\omega_d=\omega_n\sqrt{1-\xi^2},\qquad\varphi=\arctan\frac{\sqrt{1-\xi^2}}{\xi} \tag{3-30}$$

由式（3-29）可见，式中 $\sin(\omega_dt+\varphi)$ 的幅值是 $\pm1$，因此 $c(t)$ 是一种无衰减振荡曲线，又称阻尼振荡曲线。其振荡频率为 $\omega_d$，称为阻尼振荡频率。

由式（3-29）还可知，当 $0<\xi<1$ 时，对不同的 $\xi$，振荡的振幅和频率都是不同的。$\xi$ 越小，振荡的最大振幅越大，振荡的频率 $\omega_d$ 也越大。欠阻尼时的阶跃响应，见图 3-16 中的 $0<\xi<1$ 的一簇阻尼振荡曲线。

（3）当 $\xi=1$（临界阻尼）时

特征方程的根 $s_{1,2}=-\omega_n$，是两个相等的负实根（重根）。以 $\xi=1$ 其单位阶跃响应为

$$C(s)=\frac{\omega_n^2}{s^2+2\omega_ns+\omega_n^2}\cdot\frac{1}{s}=\frac{\omega_n^2}{s(s+\omega_n)} \tag{3-31}$$

对照式（3-31）和表 2-1，可得

$$c(t)=1-e^{-\omega_nt}(1+\omega_nt) \tag{3-32}$$

由式（3-32）可知，当 $\xi=1$ 时，临界阻尼时的阶跃响应为单调上升曲线，见图 3-16 中的 $\xi=1.0$ 的曲线。

（4）当 $\xi>1$（过阻尼）时

特征方程的根 $s_{1,2}=-\xi\omega_n\pm\omega_n\sqrt{\xi^2-1}$，是两个不相等的负实根。

此时的单位阶跃响应为

$$C(s)=\frac{\omega_n^2}{s^2+2\xi\omega_n+\omega_n^2}\cdot\frac{1}{s}\qquad(\xi>1) \tag{3-33}$$

对照式（3-33）和表 2-1，可得

$$c(t)=1-\frac{1}{2\sqrt{\xi^2-1}(\xi-\sqrt{\xi^2-1})}e^{-(\xi-\sqrt{\xi^2-1})\omega_nt}+\frac{1}{2\sqrt{\xi^2-1}(\xi-\sqrt{\xi^2-1})}e^{-(\xi+\sqrt{\xi^2-1})\omega_nt}$$

$$\tag{3-34}$$

由式（3-34）可知，当 $\xi>1$ 时，过阻尼时的阶跃响应也为单调上升曲线，不过其上升的斜率较临界阻尼更慢。见图 3-16 中的 $\xi=1$ 与 $\xi=2$ 的曲线。

**想一想**：通过以上的内容学习你能总结出 $\xi$ 对系统快速性与稳定性的影响吗？

### 2. 二阶系统的动态性能指标

（1）最大超调量 $\sigma$

最大超调量是输出量 $c(t)$ 与稳态值 $c(\infty)$ 的最大偏差 $\Delta C_{max}$ 与稳态值 $c(\infty)$ 之比。这是一个相对最大误差。由图 3-16 可见，最大偏差量 $\Delta C_{max}$ 恰好是系统响应的第一个峰值 $c(t_p)$ 与稳态值 $c(\infty)$ 之差，于是最大超调量可以写成

$$\sigma = \frac{\Delta C_{max}}{c(\infty)} \times 100\% = \frac{c(t_p) - c(\infty)}{c(\infty)} \times 100\% \tag{3-35}$$

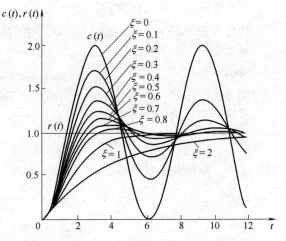

图 3-16　典型二阶系统的单位阶跃响应曲线

式中：$c(\infty)$ 为输出稳态值，由于为单位负反馈及单位阶跃输入，所以 $c(\infty) = 1$；$t_p$ 为第一个峰值时间。

令 $\dfrac{dc(t)}{dt} = 0$，并取第一个峰值($n=1$)，即可求得 $t_p$。

$$t_p = \frac{\pi}{\omega_d} = \frac{\pi}{\omega_n \sqrt{1-\xi^2}} \tag{3-36}$$

将式(3-36)代入式(3-35)可得

$$\sigma = e^{-\frac{\xi\pi}{\sqrt{1-\xi^2}}} \tag{3-37}$$

由式(3-21)可知，$\xi = \dfrac{1}{2\sqrt{\tau K}}$，因此，当 $\tau$、$K$ 越大，$\xi$ 越小，则 $\sigma$ 越大。由于 $\sigma$ 是衡量系统相对稳定性的重要指标，因此，上述的分析意味着，当系统的惯性环节的时间常数 $\tau$（它通常是固有参数）较大时，系统的相对稳定性将较差；当增大系统的开环增益 $K$ 时，系统的相对稳定性也将变差。

（2）调整时间($t_s$)

调整时间是从给定量作用于系统开始，到输出量进入并保持在允许的误差带内所经历的时间。误差带是指离稳态值 $c(\infty)$ 偏离 $\pm\delta c(\infty)$ 的区域。$\delta$ 通常分为 $5\%$（要求较低）和 $2\%$（要求较高）两种，见图 3-16。

由于输出量 $c(t)$ 通常为阻尼振荡曲线，$c(t)$ 进入误差带的情况比较复杂，所以通常以输出量的包络线 $b(t)$ 进入误差带，来近似求取调整时间 $t_s$。

由式(3-29)可得，上半部分的包络线 $b(t)$ 为

$$b(t) = 1 + \frac{e^{-\xi\omega_n t}}{\sqrt{1-\xi^2}}$$

下半部分的包络线 $b(t)$ 为

$$b(t) = 1 - \frac{e^{-\xi\omega_n t}}{\sqrt{1-\xi^2}}$$

误差带为 $\pm\delta c(\infty)$，$\delta$ 通常取 $2\%$ 或 $5\%$。

当 $b(t)$ 进入离稳态输出量 $\pm\delta c(\infty)$ 误差带内时,对应的时间即为调整时间 $t_s$。即

$$b(t_s) - c(\infty) = \pm\delta c(\infty)$$

以 $c(\infty)=1$ 代入,可得

$$\text{当 } \delta = 5\% \text{时}, t_s \approx \frac{3}{\xi\omega_n} = 6\tau \tag{3-38}$$

$$\text{当 } \delta = 2\% \text{时}, t_s \approx \frac{4}{\xi\omega_n} = 8\tau \tag{3-39}$$

所以,系统中惯性环节的时间常数 $\tau$ 越大,则过渡过程将越慢,调整时间 $t_s$ 将越长。

(3) 振荡次数

由式(3-29)及图 3-16 可知,$c(t)$ 的阻尼振荡的周期为 $T_d\left(T_d=\dfrac{2\pi}{\omega_d}\right)$,则振荡次数

$$N \approx \frac{t_s}{T_d} \tag{3-40}$$

以式(3-38)及式(3-39)可得

$$N(s) = \frac{(1.5-2)}{\pi} \cdot \frac{\sqrt{1-\xi^2}}{\xi} \tag{3-41}$$

式中:系数 1.5 对应 $\delta=5\%$,系数 2.0 对应 $\delta=2\%$。

由此可知,系统最大超调量 $\sigma$ 越大,则振荡次数 $N$ 也将相应地增多。

(4) 上升时间 $t_r$

在动态性能指标中,为了更好地描述系统响应的快速性,还采用上升时间 $t_r$,上升时间是指输出量 $c(t)$ 第一次达到稳态值 $c(\infty)$ 所需的时间。

因此,可令 $c(t_r)=c(\infty)=1$,并取 $n=1$(第一个交点),即可得上升时间 $t_r$。

令 $c(t)=1$,有

$$c(t_r) = 1 - \frac{e^{-\xi\omega_n t_r}}{\sqrt{1-\xi^2}} \sin(\omega_d t + \varphi) = 1$$

由于因子 $e^{-\xi\omega_n t_r} \neq 0$,所以因子 $\sin(\omega_d t+\varphi)=0$。故 $\omega_d t+\varphi=n\pi$,取 $n=1$,则可得

$$t_r = \frac{\pi-\varphi}{\omega_d} \tag{3-42}$$

### 3. 典型二阶系统动态性能综合分析 $\tau$

典型二阶系统动态性能指标与系统参数时间常数的关系如表 3-5 所示。

表 3-5　典型二阶系统动态性能指标与系统参数时间的关系

| 系统参数 $\tau K$ | | 0.25 | 0.31 | 0.39 | 0.50 | 0.69 | 1.0 |
|---|---|---|---|---|---|---|---|
| 阻尼系数 $\xi$ | | 1.0 | 0.9 | 0.8 | 0.707 | 0.6 | 0.5 |
| 超调量 $\sigma(\%)$ | | 0 | 0.15 | 1.5 | 4.3 | 9.5 | 16.3 |
| 上升时间 $t_r$ | | | | $6.7\tau$ | $4.7\tau$ | $3.3\tau$ | $2.4\tau$ |
| 调整时间 $t_s$ | $\delta=5\%$ | $9.4\tau$ | $7.2\tau$ | $6\tau$ 左右 | | | |
| | $\delta=2\%$ | $11\tau$ | $8.5\tau$ | $8\tau$ 左右 | | | |

由表 3-5 可以看出：

（1）表中 $\tau$ 一般为系统的固有参数，$\xi$ 的通常取值范围为 $0.5\sim0.8$，此时 $t_s\approx6-8\tau$，这意味着，$\tau$ 越大，则系统的调整时间 $t_s$ 越长，即系统的快速性越差。此外，$\tau$ 越大，对应的阻尼比 $\xi$ 越小，系统的超调量 $\sigma$ 增加，系统的相对稳定性能越差。

由上所述，惯性环节的时间常数 $\tau$ 越大，对系统的快速性和稳定性都是不利的。

（2）系统的开环增益 $K$ 增大（$K$ 一般是可以调整的且 $K$ 大，则 $\xi$ 小），系统超调量 $\sigma$ 将增加。同时，上升时间 $t_r$ 将减小，亦即系统的增益加大，则系统的快速性改善，但系统的相对稳定性将变差。

（3）由以上分析可见，系统的快速性和稳定性往往也是矛盾的。为了兼顾两方面的要求常取 $\xi=1/\sqrt{2}=0.707\left(\text{即取}K=\dfrac{1}{2\tau}\right)$，此时 $\sigma=4.3\%$，$t_r=4.7\tau$，$t_s=8.4\tau$（对应 $\delta=2\%$）。

此时系统的相对稳定性和快速性都比较好（比较适中）。有时称取 $\xi=0.707$ 时的系统为"二阶最佳"。

（4）以上的分析虽然是对二阶系统的，但对高阶系统，通常也将它近似成一个二阶系统，以系统的主导极点（共轭极点）来估算系统的性能，因此，二阶系统的分析方法和有关结论对三阶及三阶以上的系统基本上也是适合的。例如增大增益通常会使系统的快速性改善（$t_s\downarrow$），但超调量将会增加（$\sigma\uparrow$），系统的稳定性能变差。当然增大增益可以使稳态性能改善（$e_{ss}\downarrow$）。

【例 3-9】 在图 3-17 所示的直流调速系统中，试求出该系统的最大超调量、上升时间及 $\delta=5\%$ 时的调整时间。

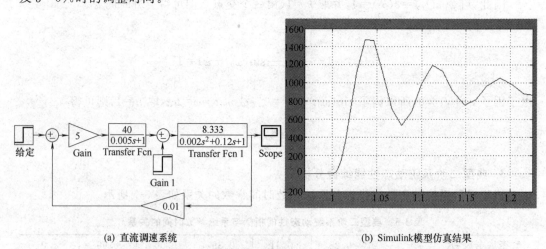

(a) 直流调速系统          (b) Simulink模型仿真结果

图 3-17    直流调速系统及 MATLAB 仿真图

由仿真结果可得系统 $C_{max}(t)=1477\text{r/min}$，$C_\infty(t)=934\text{r/min}$，上升时间 $t_r=0.024\text{s}$，调整时间 $t_s=0.34\text{s}$。

根据公式可得，系统的最大超调量 $\sigma=\dfrac{\Delta C_{max}}{c(\infty)}\times100\%=\dfrac{c(t_p)-c(\infty)}{c(\infty)}\times100\%=58.1\%$。

# 小结

1. 自动控制系统进行正常工作的首要条件是系统稳定。通常以系统在扰动作用消失后,其被调量与给定量之间的偏差能否不断减小来衡量系统的稳定性。

2. 系统是否稳定称为系统的绝对稳定性。判断线性定常系统是否稳定的充要条件是:系统微分方程的特征方程所有的根的实部是否都是负数,或特征方程所有的根是否均在复平面的左侧。

3. 系统稳定的程度称为系统的相对稳定性,系统微分方程的根(在复平面左侧)离虚轴越远,则系统的相对稳定性越好。

4. 自动控制系统的稳态误差是希望输出量与实际输出量之差。

取决于给定量的稳态误差为跟随稳态误差 $e_{ssr}$。

取决于扰动量的稳态误差为扰动稳态误差 $e_{ssd}$。

系统的稳态误差 $e_{ss}$ 为两者之和,$e_{ss}=e_{ssr}+e_{ssd}$。

5. (1) 跟随稳态误差 $e_{ssr}$ 与系统前向通道的积分环节的个数 $\upsilon$ 和开环增益 $K$ 有关。

$$e_{ssr}=\lim_{s\to 0}\frac{s^{\upsilon+1}}{\alpha K}R(s)$$

(2) 扰动稳态误差 $e_{ssd}$ 与扰动量作用点前向通道的积分环节的个数 $\upsilon_1$ 和开环增益 $K_1$ 有关。

$$e_{ssd}=\lim_{s\to 0}\frac{s^{\upsilon_1+1}}{\alpha K_1}D(s)$$

$\upsilon_1$ 越多,$K_1$ 越大,则系统的稳态精度越高。

对跟随系统,主要矛盾是跟随稳态误差;对恒值控制系统,主要矛盾是扰动稳态误差。

6. 系统的型别取决于所含积分环节的个数 $\upsilon(\upsilon=0,$ 为 0 型系统;$\upsilon=1,$ 为 Ⅰ 型系统;$\upsilon=2,$ 为 Ⅱ 型系统)。系统的型别越高,系统的稳态精度越高。

7. 对一个控制系统,其稳态性能对控制系统的要求,往往和稳定性是相矛盾的,因此要根据用户的对系统性能指标的要求作某种折中的选择,以兼顾稳态性和稳定性两方面的要求。

8. 系统跟随动态指标的定义如下。

(1) 最大超调量:$\sigma=\dfrac{\Delta C_{max}}{c(\infty)}\times 100\%$。

(2) 调整时间 $t_s$:$c(t)$(或它的包络线)进入并保持在误差带 $\pm\delta c(\infty)$ 内经历的时间。$\delta$ 通常取 2% 或 5%。

(3) 上升时间 $t_r$:$c(t)$ 第一次达到稳态值 $c(\infty)$ 的时间。

(4) 振荡次数 $N$:在调整时间内系统振荡的次数。

9. 对二阶(典型 Ⅰ)系统的跟随动态性能,增大增益 $K,$ 将使系统的快速性改善、超调量增加,系统的稳定性变差。

# 本章习题

1. 分析一个自动控制系统时，主要从哪几方面进行分析？

2. 系统跟踪指令信号，出现无穷大的误差，是否说明该系统不稳定？为什么？

3. 不稳定的系统的响应是发散的，而响应发散的系统是否一定不稳定呢？

4. 对同一系统，为什么它的跟随性能指标与抗扰指标会不同？

5. 试求图 3-18 所示系统的传递函数、阶跃响应时域表达式，并绘制 $c(t)$ 曲线。试计算 $c(t)=0.95$ 时的建立时间。

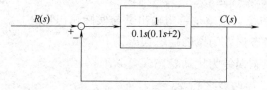

图 3-18　习题 5 系统框图

6. 已知负反馈系统的单位阶跃响应为

$$c(t)=1+0.2e^{-60t}-1.2e^{-10t} \quad (t \geqslant 0)$$

试求：(1) 系统的闭环传递函数；(2) $\xi$、$\omega_n$；(3) $\sigma$、$t_s$。

7. 单位负反馈的开环传递函数为 $G_0(s)=1/[s(s+1)]$，试求 $t_s$、$t_r$、$\sigma$、$N$。

8. 已知系统特征方程如下。

(1) $0.1s^3+s^2+s+K=0$；

(2) $s^3+34.4s^2+7500s+K=0$；

(3) $s^4+Ks^3+5s^2+10s+15=0$。

试确定系统稳定的条件。

9. 试求图 3-19 所示的系统满足稳定条件时，参数 $K_0$ 的取值范围（$\xi=0.5$、$\omega_n=5$）。

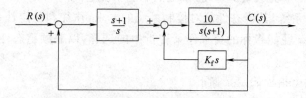

图 3-19　习题 9 系统框图

10. 试求如图 3-20 所示系统在下列控制信号作用下的稳态误差。

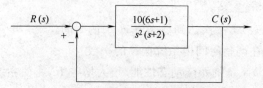

图 3-20　习题 10 系统框图

(1) r(t)＝7；

(2) r(t)＝3t；

(3) r(t)＝2＋3t＋4t² 。

11. 试求如图 3-21 所示系统，在单位扰动信号 $D_1(s)$、$D_2(s)$ 分别单独作用时，系统的稳态误差。

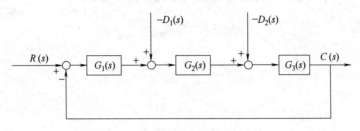

图 3-21  习题 11 系统框图

# 直流调速系统的校正

## 引言

本项目是在分析系统性能的基础后,若系统的性能指标仍不能满足要求,则可以采用校正的方法去改变系统的性能。本项目首先介绍了校正的基本概念,然后在建立传递函数的基础上去分析串联校正、反馈校正、顺馈校正对系统动态、稳态及稳定性能的影响,并通过 MATLAB 的 SIMULINK 模块,对系统进行仿真,说明校正的效果。

直流调速系统在日常生活中的应用十分广泛,本项目我们就以直流调速系统的校正为例,来学习校正的相关概念及校正方法。如图 4-1 所示为某直流调速系统校正前后的框图。

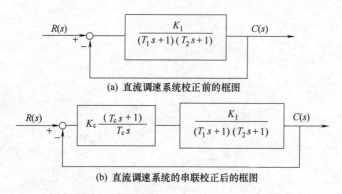

(a) 直流调速系统校正前的框图

(b) 直流调速系统的串联校正后的框图

图 4-1　直流调速系统校正前后的框图

> **想一想**:若系统需要校正时,需要添加什么样的校正装置呢? 放在什么位置? 放在不同的位置起的作用是否相同呢?

## 任务 4.1　直流调速系统的串联校正

### 【任务引入】

当通过参数调整仍无法满足控制系统的性能指标时,需要在原系统中人为地添加一些装置或元件,使之满足要求。根据校正装置控制规律的不同,我们把串联校正分为四种:比例校正、比例-微分校正、比例-积分校正和比例-积分-微分校正。下面我们就分别来介绍这四种不同的串联校正方式。

**【学习目标】**

(1) 理解系统校正的概念和基本过程。

(2) 系统校正的方式及校正装置的分类。

(3) 理解比例(P)串联校正对系统稳定、稳态及快速性能的影响。

(4) 理解比例-微分(PD)串联校正对系统稳定、稳态及快速性能的影响。

(5) 理解比例-积分(PI)串联校正对系统稳定、稳态及快速性能的影响。

(6) 理解比例-积分-微分(PID)串联校正对系统稳定、稳态及快速性能的影响。

**【任务分析】**

通过调整参数来控制系统的稳态、动态性能仍不能满足实际工程中所要求的性能指标时,就需要采取校正的方法。本任务从校正的概念入手,学习校正的方式。串联校正是最基本的校正方法,本任务以比例校正、比例-微分校正、比例-积分校正和比例-积分-微分校正为例,来分析校正对系统稳态、动态性能的影响。

## 4.1.1　校正的基本知识

### 1. 校正的概念

当控制系统的稳态、动态性能不能满足实际工程中所要求的性能指标时,首先可以考虑调整系统中可以调整的参数;若通过调整参数仍无法满足要求时,则可以在原有系统中增添一些装置和元件,人为地改变系统的结构,使之满足所要求的性能指标,这种方法称为校正。增添的装置和元件称为校正装置或校正元件,系统中除校正装置外的部分组成了系统的不可变部分,称为固有部分。

### 2. 校正方式

根据校正装置在系统中的不同位置,校正的方式一般可以分为串联校正、反馈校正和顺馈补偿校正。

(1) 串联校正

校正装置串联在系统固有部分的前向通道中称为串联校正,如图 4-2 所示。为减小校正装置的功率等级,降低校正装置的复杂程度,串联校正装置通常安排在前向通路中功率等级最低的点上。

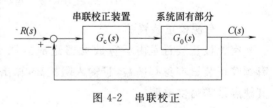

图 4-2　串联校正

(2) 反馈校正

校正装置与系统固有部分按反馈方式连接,形成局部反馈回路,称为反馈校正,如图 4-3所示。

(3) 顺馈补偿校正

顺馈补偿校正又称为复合校正,是在反馈控制的基础上引入补偿构成的校正方式。

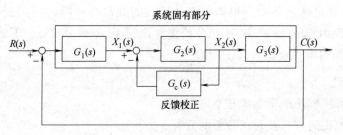

图 4-3　反馈校正

复合校正可以分为两种：一种引入给定输入信号补偿，另一种是引入扰动输入信号补偿。校正装置直接或间接测出给定输入信号 $R(s)$ 和扰动输入信号 $D(s)$，经过适当变换以后，作为附加校正信号输入系统，使可测扰动对系统的影响得到补偿，从而控制和抵消扰动对输出的影响，提高系统的控制精度。

**3. 校正装置**

根据校正装置本身是否有电源，可分为无源校正装置和有源校正装置。

（1）无源校正装置

无源校正装置通常是由电阻和电容组成的二端口网络，图 4-4 是几种典型的无源校正装置。根据它们对系统的影响，其校正方式又可以分为相位滞后校正、相位超前校正和相位滞后-超前校正。

无源校正装置的电路简单、组合方便、无须外供电源，但本身没有增益，只有衰减，且输入阻抗低，输出阻抗高，因此，在应用时要增设放大器或隔离放大器。

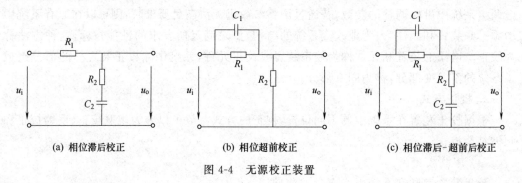

(a) 相位滞后校正　　　　　(b) 相位超前校正　　　　　(c) 相位滞后-超前后校正

图 4-4　无源校正装置

（2）有源校正装置

有源校正装置是由运算放大器组成的调节器，图 4-5 是几种典型的有源校正装置。有源校正装置本身有增益，且输入阻抗高，输出阻抗低，所以目前较多采用有源校正装置。其缺点是需另供电源。

## 4.1.2　比例(P)串联校正

图 4-6 为一随动系统框图，图中 $G_1(s)$ 为随动系统的固有部分传递函数，若 $G_1(s)$ 中，$K_1=100, T_1=0.2s, T_2=0.01s$，则系统固有部分传递函数为

$$G_1(s)=\frac{100}{s(0.2s+1)(0.01s+1)} \tag{4-1}$$

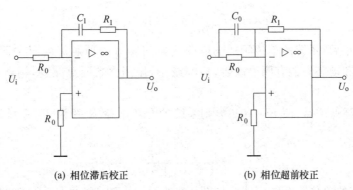

(a) 相位滞后校正　　　　　(b) 相位超前校正

图 4-5　有源校正装置

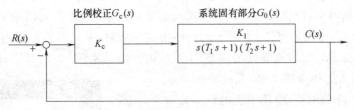

图 4-6　具有比例校正的系统框图

由图 4-6 和式(4-1)并根据前面学习的赫尔维茨稳定判据可得,此系统的临界增益 $K_0=105$,而此系统的增益 $K_1=100$,接近临界增益,这意味着,系统已接近稳定边界,系统的相对稳定性将很差。此时系统的单位阶跃响应曲线如图 4-7 所示。由 4-7(a)可见,此系统虽然仍稳定,但振荡次数极多(几乎连成一片),最大超调量也很大(达 90% 以上),而且调整时间也很长(40s 以上)。显然,这样的稳定性和动态性能是很差的,若系统中还存在着其他非线性因素,则实际系统可能是无法运行的。

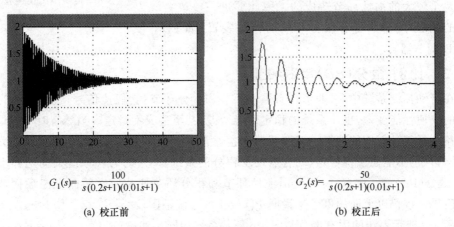

$$G_1(s)=\frac{100}{s(0.2s+1)(0.01s+1)}$$

$$G_2(s)=\frac{50}{s(0.2s+1)(0.01s+1)}$$

(a) 校正前　　　　　　　　(b) 校正后

图 4-7　比例校正对系统性能的影响

如今采用比例校正,以适当降低系统的增益。于是可在前向通道中串联一比例调节器。并使 $K_c=0.5$,这样,系统的开环增益 $K=K_c\times K_1=0.5\times100=50$,远低于临界增益,系统将能稳定运行。校正后,系统开环传递函数为

$$G_2(s) = \frac{50}{s(0.2s+1)(0.01s+1)} \tag{4-2}$$

经比例校正后,系统的单位阶跃响应曲线如图 4-7(b)所示。由图 4-7(b)可见,系统的相对稳定性和动态性能有明显改善,振幅减小,振荡次数明显减少,调整时间由 40s 降为 4s。

若进一步降低增益,使 $K_c = 0.25$,则系统的开环增益 $K$ 变为 25,系统的开环传递函数为

$$G_2'(s) = \frac{25}{s(0.2s+1)(0.01s+1)} \tag{4-3}$$

此时,系统的单位阶跃响应曲线如图 4-8 所示。由图 4-8 可见,系统的稳定性和动态性能将进一步地改善(超调量减小,振荡次数减小)。

由以上分析可见,降低增益后:①使系统的稳定性改善,最大超调量下降,振荡次数减少;②由前面所学内容可知,当系统的开环增益降低时,系统的稳态误差 $e_{ss}$ 将增加,系统的稳态性能变差。如增益降低为原来的 1/4,则此随动系统(Ⅰ型系统)的速度跟随稳态误差 $e_{ss}$ 将增大为原来的 4 倍,系统精度变差。

综上所述,降低增益,将使系统的稳定性改善,但使系统的稳态精度变差。当然,若增加增益,系统性能变化与上述相反。

调节系统的增益。在系统的相对稳定性和稳态精度之间做某种折中的选择,以满足(或者兼顾)实际系统的要求,是最常见的调整方法之一。

由图 4-8 还可见,虽然增益降为原来的 1/4,但最大超调量仍在 50% 以上,这是由于系统还有一个积分环节和两个较大的惯性环节造成的。因此要进一步改善系统的性能,应采用含有微分环节的校正装置(如 PD 或 PID 调节器)。

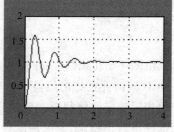

$$G_2'(s) = \frac{25}{s(0.2s+1)(0.01s+1)}$$

图 4-8　增益减小后比例校正
对系统性能的影响

### 4.1.3　比例-微分(PD)串联校正

在自动控制系统中,一般都含有惯性环节和积分环节,它们使信号产生时间滞后,使系统的快速性能变差,也使系统的稳定性能变差,甚至造成不稳定。当然有时可以通过调节增益来做某种折中的选择。但调节器增益通常都会带来副作用,而且有时即使大幅度降低增益,也不能使系统稳定(如含有两个积分的系统)。这时若在系统前向通路上串联比例-微分(PD)校正装置,将可抵消惯性环节和积分环节使响应在时间上滞后而产生的不良后果。现仍以上面的例子来说明 PD 校正的系统框图。

图 4-9 所示系统的固有部分与图 4-6 所示系统相同。其校正装置 $G_c(s) = K_c(\tau s+1)$,为了更清楚地说明比例-微分校正对系统性能的影响,这里取 $K_c = 1$(为了避开增益改变对系统性能的影响);同时为简化起见,这里的微分时间常数取 $\tau_1 = T_1 = 0.2s$,这样,$\tau s+1$(比例-微分环节)与 $1/(T_1 s+1)$(惯性环节)可以抵消。系统的开环传递函数变为

$$G''_2(s) = G_c(s)G_1(s) = K_c(\tau s + 1)\frac{K_1}{s(T_1 s + 1)(T_2 s + 1)}$$

$$= \frac{K_1}{s(T_2 s + 1)} = \frac{100}{s(0.01s + 1)} \tag{4-4}$$

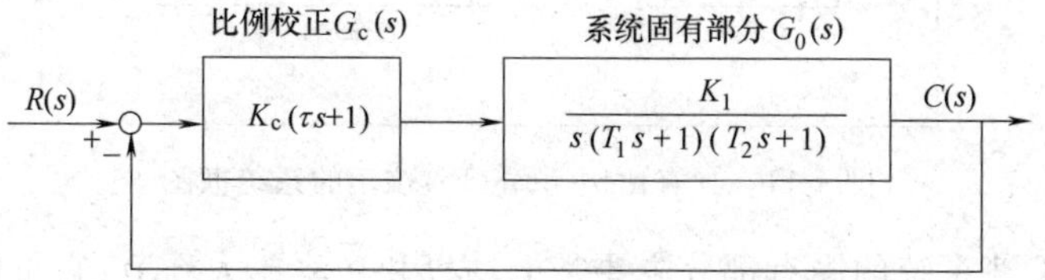

图 4-9　具有比例-微分(PD)校正的系统框图

以上分析表明,比例-微分环节与系统固有部分的大惯性环节作用相抵消了,这样,系统由原来的一个积分和二个惯性变成了一个积分和一个惯性环节。系统由三阶系统变为原来的二阶系统。而二阶系统总是能够稳定运行的。

图 4-10 则为采用比例-微分(PD)校正后,系统的单位阶跃响应曲线。

不难看出,增设 PD 调节器后:

(1) 比例-微分环节可以抵消惯性环节使响应在时间上滞后产生的不良后果,使系统的稳定性能显著改善。这就意味着超调量下降,振荡次数减少,在图 4-10 中,最大超调量由 55% 降为 15%,振荡次数由 4 次降为 1 次。

(2) 由于抵消了一个惯性环节,因此由此惯性环节造成的时间上的延迟也消除了,从而改善了系统的快速性,使调整时间减少(在图 4-10 中,调整时间由 2.5s 减少为 0.1s)。

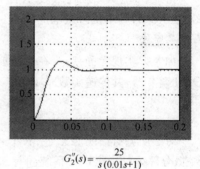

$$G''_2(s) = \frac{25}{s(0.01s + 1)}$$

图 4-10　比例-微分校正对系统性能的影响

(3) 在信号输入处由电容器 $C_0$ 构成的微分环节,对高频信号的电抗很小,高频信号很容易进入,而很多干扰都是高频信号,因此比例-微分校正容易引入高频干扰,这是它的缺点。

(4) 比例-微分校正对系统的稳态误差不产生直接影响。

综上所述,比例-微分校正将使系统的稳定性和快速性改善,但抗高频能力明显下降。

为了弥补采用比例-微分(PD)调节器后而使抗高频能力下降的这个缺点,通常在 PD 调节器的信号输入端,增设一个由电阻、电容构成的 T 形滤波电路(它相当于一个小惯性环节),它可使高频干扰信号旁路泄放。

## 4.1.4　比例-积分(PI)串联校正

在自动控制系统中,要实现无静差,系统必须在前向通路上(对扰动量,则在扰动作用点前),含有积分环节。若系统中不含有积分环节而又希望实现无静差,则可以串接比例-积分调节器。例如在调速系统中,由于系统的固有部分不含有积分环节,为实现转速无静差,常在前向通路的功率放大环节前,串接由比例-积分调节器构成的速度调节器。现在就以调速系统为例分析说明比例-积分(PI)校正对系统性能的影响。图 4-11 为具有 PI 校正的系统框图。

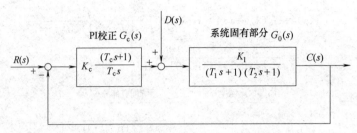

图 4-11    具有比例-积分(PI)校正的系统框图

图 4-11 中调速系统的固有部分主要是电动机和功率放大环节,它可以看成由一个比例和两个惯性环节组成的系统。今设 $T_1=0.2s$,$T_2=0.1s$,$K_1=40$,于是有

$$G_1(s)=\frac{K_1}{(T_1s+1)(T_2s+1)}=\frac{40}{(0.2s+1)(0.1s+1)} \tag{4-5}$$

由式(4-5)可见,此系统不含有积分环节,此为 0 型系统,它显然是有静差系统。图 4-12(a)为其单位阶跃响应曲线。由图也可见,它的阶跃响应的稳态误差 $e_{ss}\neq0$,它为有静差系统。

如今为实现无静差,可在系统前向通路中的功率放大环节前(亦即扰动作用点前)增设 PI 调节器,其传递函数 $G_c(s)$ 为

$$G_c(s)=\frac{K_c(T_cs+1)}{T_cs}$$

为了使分析简明起见,今取 $T_c=T_1=0.2s$(设 $T_1>T_2$)。这样,可使校正装置中的比例-微分部分($T_cs+1$)与系统固有部分的大惯性环节$[1/(T_1s+1)]$相消,此外,同样为了简明起见,取 $K_c=1$,这样,校正后的传递函数变为 $G_2(s)$。

$$G_2(s)=\frac{K_c(T_cs+1)}{T_cs}\times\frac{K_1}{(T_1s+1)(T_2s+1)}$$

$$=\frac{K_1/T_c}{s(T_1s+1)}=\frac{40/0.2}{s(0.1s+1)}=\frac{200}{s(0.1s+1)} \tag{4-6}$$

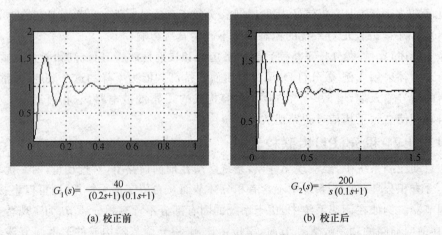

$G_1(s)=\dfrac{40}{(0.2s+1)(0.1s+1)}$

$G_2(s)=\dfrac{200}{s(0.1s+1)}$

(a) 校正前

(b) 校正后

图 4-12    比例-积分校正对系统性能的影响

其单位阶跃响应曲线见图 4-12(b),由图可见系统的阶跃响应稳态误差 $e_{ss}=0$。

比较图 4-12(b)和图 4-12(a),不难看出,增设 PI 调节器后:

(1) 系统由 0 型系统变为 I 型系统(系统由不含积分环节变为含有一个积分环节),从而实现了无静差(对阶跃信号),这样,系统的稳态误差将显著减小,从而显著改善系统的稳定性。

(2) 系统由 0 型变为 I 型,是以一个积分环节取代一个惯性环节为代价的,而积分环节在时间(相位)上造成的滞后较惯性环节更为严重,因此会使系统的稳定性变差,系统的超调量将会增大,振荡次数将会增多(在图 4-12 中,最大超调量由 55%增加到 65%左右,振荡次数由 4 次变为 7 次)。综上所述,比例积分环节校正将使系统的稳态性能得到明显改善,但使系统的稳定性能变差。

比例-积分环节虽然对系统的动态性能有一定的副作用,但它却能使系统的稳态误差大大减小,显著地改善了系统的稳态性能。而稳态性能是系统在运行中长期起着作用的性能指标,往往是首先要保证的。因此,在许多场合宁愿牺牲一点动态方面的要求,而首先保证系统的稳态精度,这就是比例-积分校正(成比例积分控制)获得广泛采用的原因。例如,在双闭环调速系统中,电流调节器和速度调节器都采用了 PI 调节器。

综上所述,比例-微分校正能改善系统的动态性能,但使抗高频干扰能力下降;而比例-积分校正能改善系统稳态性能,但使动态性能变差。为了能兼顾两者的优点,又尽可能减少两者的副作用,常采用比例-积分-微分(PID)校正。

## 4.1.5　比例-积分-微分(PID)串联校正

下面以对随动系统的校正来说明 PID 校正对系统性能的影响。

图 4-13 是一个实际的随动系统框图。其固有部分传递函数为 $G_1(s)$,如今要求此系统对等速输入信号为无静差,试选择合适的调节器。

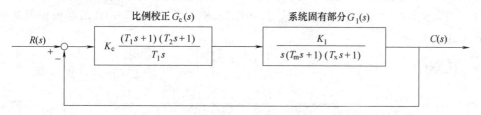

图 4-13　具有比例-积分-微分(PID)校正的系统框图

在图 4-13 中,$T_m$ 为伺服电动机的机电时间常数,设 $T_m=0.2s$;$T_x$ 为检测滤波时间常数,设 $T_x=10ms=0.01s$;$K_1$ 为系统的总增益,设 $K_1=35$。由图可知,随动系统固有部分的传递函数为

$$G_1(s)=\frac{K_1}{s(T_ms+1)(T_xs+1)}=\frac{35}{s(0.2s+1)(0.01s+1)} \tag{4-7}$$

由式(4-7)可得如图 4-14(a)所示的单位阶跃响应曲线,如前所述,此系统含有一个积分环节和两个时间常数较大的惯性环节,因此它的稳定性和动态性能都比较差。

此外,由式(4-7)还可见,此系统含有一个积分环节,因此是 I 型系统,由前面所学知识可知,它对阶跃输入是无静差的,但对等速(斜坡)输入信号是有静差的。

如今要求此系统对等速(斜坡)输入信号也是无静差,下面将根据这个要求来讨论合

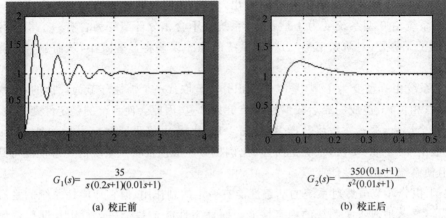

$$G_1(s)=\frac{35}{s(0.2s+1)(0.01s+1)} \qquad\qquad G_2(s)=\frac{350(0.1s+1)}{s^2(0.01s+1)}$$

(a) 校正前          (b) 校正后

图 4-14　比例-积分-微分(PID)校正对系统性能的影响

适调节器的选择。

由于要求此系统对等速(斜坡)输入信号是无静差的,则应将它校正成Ⅱ型系统(即再引入一个积分环节)。若调节器采用 PI 调节器,固然可以增加一个积分环节,但考虑到此系统原来已有一个含有一个积分和两个惯性环节的三阶系统,它的稳定程度本来就比较差,如今再增添使稳定性变差的 PI 调节器将使系统的稳定性变得更差,甚至造成不稳定,因此很少采用。这里通常采用的是增设比例-积分-微分(PID)调节器。

今设 PID 调节器的传递函数为

$$G_c(s)=\frac{K_c(T_1 s+1)(T_2 s+1)}{T_1 s+1}$$

同样,为了使分析简明起见,选择调节器的 $T_1$ 与放大器的大惯性时间常数 $T_m$ 相等,即 $T_1=T_m=0.2s$,并取 $T_2>T_x$,今取 $T_2=0.1s,K_c=2$。于是经 PID 串联校正后系统的开环传递函数为

$$G_2(s)=G_c(s)G_1(s)=\frac{K_c(T_1 s+1)(T_2 s+1)}{T_1 s}\times\frac{K_1}{s(T_m s+1)(T_x s+1)}$$

$$=\frac{K_c K_1}{T_1}\times\frac{T_2 s+1}{s^2(T_x s+1)}=\frac{2\times35}{0.2}\times\frac{0.1s+1}{s^2(0.01s+1)}=\frac{350(0.1s+1)}{s^2(0.01s+1)} \qquad (4-8)$$

由式(4-8)可得其单位阶跃响应曲线。对比图 4-14(a)与图 4-14(b)不难看出,增设 PID 后:

(1) 系统由Ⅰ型变为Ⅱ型,系统增加了一阶无静差度,从而显著地改善了系统的动态性能,对等速(斜坡)输入信号可实现无静差。

(2) 若使 $T_1$ 与 $T_2$ 取得较大,则同时可以改善系统的稳定性。由图 4-14(b)可见,超调量和振荡次数明显减少,而且调整时间也明显减少。在图 4-14 中,最大超调量由 60% 变为 22% 左右,振荡次数由 5.5 次变为 0.5 次,调整时间有 3s 变为 0.3s。

综上所述,比例-积分-微分(PID)校正兼顾了系统稳态性能和相对稳定性能的改善,因此在要求较高的场合(或者已含有积分环节的系统),较多地采用 PID 校正。PID 调节器的形式有多种,可根据系统的具体情况和要求选用。国内外生产的各种系列自动控制仪器中,便备有可选用 PID 校正控制单元。

# 任务 4.2　换热器的顺馈补偿

我们前面学习的控制系统均属于反馈控制系统,其特点是当被控量受到扰动后,必须等到被控量出现偏差时,控制器才动作,以补偿扰动对被控量的影响。现在我们讨论另一种控制系统,即顺馈控制系统(也叫前馈控制系统)。顺馈控制的基本原理是测量进入系统的干扰量,是一种按干扰量的大小实现扰动补偿的控制系统。

【任务引入】

在前面的任务分析中,我们已经看到了串联校正能有效地改善系统的动态和稳态性能,因此在自动控制系统中得到了广泛的应用。但是在有些系统中,如大滞后的控制系统中,串联校正有时并不能满足系统的性能指标,我们就可以采用其他的校正方式,如顺馈补偿校正。下面我们就介绍一下顺馈补偿校正。

如图 4-15(a)所示的换热器温度控制系统中,若冷物料的流量变化是主要干扰,那么可以采用如图 4-15(b)所示的顺馈控制方案。如果进入换热器的物料增加了,不及时控制,就会使出口温度降低,为此通过对进入换热器物料流量的测量,并根据其变化量大小通过顺馈补偿装置,及时地开大蒸汽阀门,以补偿进入换热器物料变化对换热器出口温度的影响。显然,启闭阀门的规律,必然与对象干扰通道和控制通道特性相关。

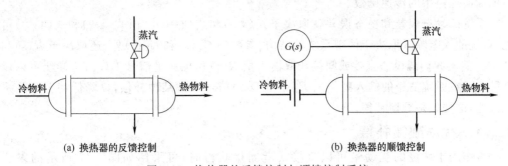

(a) 换热器的反馈控制　　　　　　　(b) 换热器的顺馈控制

图 4-15　换热器的反馈控制与顺馈控制系统

想一想:顺馈控制与反馈控制的主要区别在哪里呢?

【学习目标】

(1) 理解扰动顺馈补偿的补偿条件和对系统性能的作用。

(2) 理解输入顺馈补偿的补偿条件和对系统性能的作用。

(3) 理解反馈校正的分类。

(4) 理解反馈校正对典型环节的影响。

【任务分析】

实际的生产中应用的顺馈补偿校正系统,按其结构形式分类,种类很多。下面我们来介绍几种典型的结构形式。

当系统的输入量或扰动量可以直接或间接获得时,为改善系统性能而加入补偿,引入了顺馈补偿。

在项目 3 中我们已经介绍了系统工作时存在两种误差,即取决于输入量的跟随误差 $e_r(t)$ 和取决于扰动量的扰动误差 $e_d(t)$。如图 4-16 所示,其跟随误差和扰动误差分别为

跟随误差:
$$E_r(s) = \frac{1}{1+G_1(s)G_2(s)}R(s) \tag{4-9}$$

扰动误差:
$$E_d(s) = \frac{G_2(s)}{1+G_1(s)G_2(s)}D(s) \tag{4-10}$$

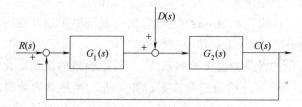

图 4-16    典型系统框图

在以上两式中,$G_1(s)$ 为扰动作用点前的前向通路中的传递函数;$G_2(s)$ 为扰动作用点后的前向通路中的传递函数。

系统的动态误差和稳态误差就取决于式(4-9)和式(4-10)。由式(4-9)和式(4-10)可见,系统的误差除了取决于体现系统的结构、参数的 $G_1(s)$ 和 $G_2(s)$ 外,还取决于 $R(s)$ 和 $D(s)$。倘若我们能设法直接或间接获取输入量 $R(s)$ 和扰动量信号 $D(s)$,这样便可以以某种方式在系统信号的输入处引入 $R(s)$ 和 $D(s)$ 信号来做某种补偿,以降低甚至消除系统误差,这便就是顺馈补偿。

## 4.2.1    扰动顺馈补偿

当作用于系统的扰动量可以直接或者间接获得时,可采用如图 4-17 所示的复合控制。

在如图 4-17 所示的系统中,将获得的扰动信号 $D(s)$,经过扰动量检测器(其传递函数为 $G_d(s)$)变换后,送到系统控制器的输入端。

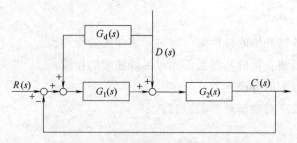

图 4-17    具有扰动顺馈补偿的复合控制

在如图 4-17 所示的系统中,若无扰动顺馈补偿,由扰动量产生的系统的误差由

式(4-10)已知

$$\Delta C_{\mathrm{d}}(s) = E_{\mathrm{d}}(s) = \frac{G_2(s)}{1 + G_1(s)G_2(s)} D(s)$$

如今增设扰动补偿后,则系统误差变为

$$\Delta C_{\mathrm{d}}'(s) = \frac{G_2(s)}{1 + G_1(s)G_2(s)} D(s) + \frac{G_{\mathrm{d}}(s)G_1(s)G_2(s)}{1 + G_1(s)G_2(s)} D(s)$$

$$= [1 + G_{\mathrm{d}}(s)G_1(s)] \frac{G_2(s)}{1 + G_1(s)G_2(s)} D(s) \tag{4-11}$$

由上式可见,若 $G_{\mathrm{d}}(s)$ 的极性与 $G_1(s)$ 极性相反,则可以使系统的扰动误差减小;若 $1 + G_{\mathrm{d}}(s)G_1(s) = 0$,即 $G_{\mathrm{d}}(s) = -1/G_1(s)$,则可以使 $\Delta C_{\mathrm{d}}'(s) = 0$。这就意味着,因扰动量而引起的扰动误差已全部被顺馈环节所补偿了,这称为全补偿。

对应扰动误差全补偿的条件是 $G_{\mathrm{d}}(s) = -\dfrac{1}{G_1(s)}$。

当然,在实际上要实现全补偿是比较困难的,但可以实现近似的全补偿,从而可以大幅度地减小扰动误差,显著地改善系统的动态性能和稳态性能。

此外,这种直接引入扰动量信号来进行的补偿,要比从输出量那里引出的反馈控制来得更及时。因为后者要等到输出量变化以后,再经检测,才能通过反馈渠道送入到输入端,这过程便产生时间上的延迟。

由于含有扰动顺馈补偿的复合控制具有显著减小扰动误差的优点,因此在要求比较高的场合,获得广泛的应用。当然,这种应用是以系统的扰动量可能被直接或间接测得为前提的。

## 4.2.2　输入顺馈补偿

当系统的输入量可以直接或间接获得时,可以采用如图 4-18 所示的复合控制。

在如图 4-18 所示的系统中,将获得的输入信号 $R(s)$,经过输入量检测器(其传递函数为 $G_{\mathrm{r}}(s)$)变换后,送往系统控制器的输入端。

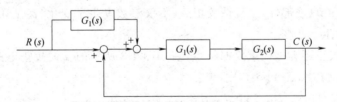

图 4-18　具有输入顺馈补偿的复合控制

若无输入顺馈补偿,由输入量产生的系统误差由式(4-9)已知

$$\Delta C_{\mathrm{r}}(s) = E_{\mathrm{r}}(s) = \frac{1}{1 + G_1(s)G_2(s)} R(s)$$

如今增设输入顺馈补偿后,则系统误差变为

$$\Delta C_{\mathrm{r}}'(s) = R(s) - \left( \frac{G_1(s)G_2(s)R(s)}{1 + G_1(s)G_2(s)} + \frac{G_{\mathrm{r}}(s)G_1(s)G_2(s)R(s)}{1 + G_1(s)G_2(s)} \right) \tag{4-12}$$

$$= \frac{1 - G_{\mathrm{r}}(s)G_1(s)G_2(s)}{1 + G_1(s)G_2(s)} R(s)$$

若 $G_r(s)$ 与 $G_1(s)G_2(s)$ 极性相同,则可以使系统的输入误差减小;若 $1-G_r(s)G_1(s)$ $G_2(s)=0$,即 $G_r(s)=1/[G_1(s)G_2(s)]$,则可以使 $\Delta C_r'(s)=0$。这就意味着,因输入量而引起的输入误差已全部被顺馈环节所补偿了,这也称为全补偿。

对应输入误差全补偿的条件是

$$G_r(s)=\frac{1}{G_1(s)G_2(s)} \tag{4-13}$$

同理,要实现全补偿是比较困难的,但可以实现近似的全补偿,从而可以大幅度地减小输入误差,显著地提高跟随精度。这对随动系统,是改善系统跟随性能的一个有效方法。例如在仿形加工机床中,便可取出仿形输入信号进行输入顺馈补偿以提高仿形加工精度。顺馈补偿在化工、食品加工等过程控制系统中,有着广泛的应用。

### 4.2.3 反馈校正对典型环节的影响

在自动控制系统中,为了改善控制系统的性能,除了采用串联校正以外,反馈校正也是常采用的校正方法之一。它在系统中的形式如图 4-3 所示。

反馈校正又可以分为硬反馈和软反馈。

硬反馈校正装置的主体是比例环节(可能含有滤波小惯性环节),它在系统的动态和稳态过程中都起反馈校正作用。

软反馈校正装置的主体是微分环节(可能含有滤波小惯性环节),它的特点是只在动态过程中起校正作用,而在稳态时,形同开路,不起作用。

由表 4-1 中的①、④、⑥可见,环节(或部件)的性质未变,但参数变了。由表 4-1 中的②、③、⑤可见,不仅环节(或部件)的参数变了,而且性质也变了。例如②中的比例环节被微分反馈包围后,变成了惯性环节,这对减小突变信号对系统的冲击是有好处的。又如③、⑤中含有积分环节的环节(或部件),被比例反馈包围后,便不再具有积分性质,这可以显著改善系统的性质,但却由原来的无静差变为有静差(对阶跃信号),显著地降低了系统的稳态精度。这些都是对系统分析十分有用的重要结论。

综上所述,环节(或部件)经反馈校正后,不仅参数发生了变化,甚至环节(或部件)的结构和性质也发生了改变。

此外,反馈校正还有一个重要的特点,在如图 4-3 所示的反馈校正电路中,若反馈校正回路的增益 $|G_2(s)G_1(s)|\gg1$,则

表 4-1   反馈校正对典型环节性能的影响

| 校正方式 | | 框  图 | 校正后的传递函数 | 校 正 效 果 |
|---|---|---|---|---|
| 比例环节的反馈校正 | ① 硬反馈 | | $\dfrac{K}{1+\alpha K}$ | 仍为比例环节 但放大倍数降低为 $\dfrac{K}{1+\alpha K}$ |
| | ② 软反馈 | | $\dfrac{K}{\alpha Ks+1}$ | 变为惯性环节 放大倍数仍为 $K$ 惯性时间常数为 $\alpha K$ |

| 校正方式 | | 框　图 | 校正后的传递函数 | 校正效果 |
|---|---|---|---|---|
| 积分环节的反馈校正 | ③ 硬反馈 | | $\dfrac{K}{s+\alpha K}$ 或 $\dfrac{1/\alpha}{1+s/\alpha K}$ | 变为惯性环节（变为有静差）<br>放大倍数为 $1/\alpha$<br>惯性时间常数为 $1/(\alpha K)$<br>有利于系统的稳定性，但不利于稳态性能 |
| | ④ 软反馈 | | $\dfrac{K/s}{1+\alpha K}$ 或 $\dfrac{K/(1+\alpha K)}{s}$ | 仍为积分环节<br>当放大倍数降低 $\dfrac{K}{1+\alpha K}$ |
| 典型二阶系统的反馈校正 | ⑤ 硬反馈 | | $\dfrac{K}{Ts^2+s+\alpha K}$ 或 $\dfrac{1/\alpha}{\dfrac{T}{\alpha K}s^2+\dfrac{1}{\alpha K}s+1}$ | 系统由有静差变为无静差<br>（积分环节消失）（由 I 型变为 0 型）<br>放大倍数变为 $1/\alpha$<br>时间常数也降低 |
| | ⑥ 软反馈 | | $\dfrac{K}{Ts^2+s+\alpha Ks}$ 或 $\dfrac{\dfrac{K}{1+\alpha K}}{s\left(\dfrac{K}{1+\alpha K}s+1\right)}$ | 仍为 I 型系统<br>但放大倍数降为 $\dfrac{K}{1+\alpha K}$<br>时间常数降为 $\dfrac{T}{1+\alpha K}$<br>阻尼比增为 $(1+\alpha K)\xi$<br>使系统稳定性能和快速性能改善，但稳态精度降低 |

$$\frac{X_2(s)}{X_1(s)}=\frac{G_2(s)}{1+G_1(s)G_2(s)}\approx\frac{1}{G_c(s)} \tag{4-14}$$

上式说明，由于反馈校正的作用，系统被包围部分 $G_2(s)$ 的影响可以忽略。此时，该局部反馈回路的特性完全取决于反馈校正装置 $G_c(s)$。因此，当系统中某些元件的特点或参数不稳定时，常常用反馈校正装置将它们包围，以削弱这些原件对系统性能的影响。但这时对反馈校正装置本身的要求较高。

# 小结

1. 系统校正就是在原来的系统中，有目的地添加一些装置（或部件），人为地改变系统的结构和参数，使系统的性能获得改善，以满足所要求的性能指标。

2. 系统的校正可分为串联校正、反馈校正和顺馈补偿校正，如图 4-19 所示。

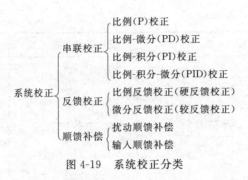

图 4-19    系统校正分类

3. 比例(P)串联校正,若降低增益,可提高系统的相对稳定性(使最大超调量 $\sigma$ 减小,振荡次数 $N$ 降低),但使系统的稳态精度变差(稳态误差 $e_{ss}$ 增加)。增大增益,则与上述结果相反。

4. 比例-微分(PD)串联校正,由于校正装置中微分环节的作用,减小了系统惯性带来的消极作用,提高了系统的相对稳定性和快速性,但削弱了系统的抗高频干扰能力。PD校正对系统稳态性能的影响不大。

5. 比例-积分(PI)串联校正,由于在扰动量作用点前的前向通路中增添了一个积分环节,使系统对给定量和扰动量都提高了一阶无静差度,从而显著地改善了系统的稳态性能,但同时却使系统的稳定性变差(超调量增大、振荡次数增多)。

6. 比例-积分-微分(PID)串联校正,既可以改善系统稳态性能,又能改善系统的相对稳定性和快速性,兼顾了稳态精度和稳定性能的改善,因此在要求较高的场合得到了广泛的应用。

7. 串联校正对系统结构、性能的改善,效果明显,校正方法直观、实用,但无法克服系统中元件(或部件)参数变化对系统性能的影响。

8. 反馈校正能改变被包围的环节的参数、性能,甚至可以改变原来环节的性质。这一特点使反馈校正能用来抑制元件(或部件)参数变化和内、外部扰动对系统性能产生的消极影响,有时甚至可以取代局部环节。由于反馈校正可能会改变被包围环节的性质,因此也可能会带来副作用,例如含有积分环节的单元被硬反馈包围后,便不再有积分效应,因此会降低系统的无静差度,使系统稳态性能变差。

9. 具有顺馈补偿和反馈补偿环节的复合控制是减小系统误差(包括稳态误差和动态误差)的有效途径,但补偿量要适度,过量补偿会起反作用,甚至引起振荡。顺馈补偿量要低于但接近于全补偿条件。

扰动误差全补偿的条件是     $G_d(s) = -\dfrac{1}{G_1(s)}$

输入误差全补偿的条件是     $G_r(s) = \dfrac{1}{G_1(s)G_2(s)}$

10. 串联校正、反馈校正和顺馈补偿的综合合理应用是改善系统动态、稳态性能的有效途径。但以经典控制理论为依据的系统校正,实质上是在系统的稳态误差和相对稳定性之间做某种折中的选择。它们属于一种工程方法,这种方法的主体是调整增益和设计校正装置。这种方法虽然是建立在试探法的基础之上的,有一定的局限性,但在工程上却是很有用处的。

# 本章习题

1. 什么叫系统校正？系统校正有哪些类型？

2. 比例串联校正调整系统的什么参数？它对系统的性能产生什么影响？

3. 比例-微分串联校正调整系统的什么参数？它对系统的性能产生什么影响？

4. 比例-积分串联校正调整系统的什么参数？使系统在结构方面发生怎样的变化？它对系统的性能产生什么影响？

5. 比例-积分-微分串联校正调整系统的什么参数？使系统在结构方面发生怎样的变化？它对系统的性能产生什么影响？

6. 简述串联校正的优点与不足。

7. 简述反馈校正的优点与不足。

8. 简述前馈补偿的优点与不足。

9. 设系统固有部分的传递函数为

$$G_0(s) = \frac{K}{s(0.005s+1)(0.01s+1)(0.02s+1)(0.1s+1)}$$

要求系统校正后,满足下列指标:

(1) 速度放大系数 $K_v = 200$;

(2) 超调量 $\sigma_p = 30\%$;

(3) 调整时间 $T_s = 0.9s$。

试绘制其阶跃响应曲线并选择串联校正装置。

10. 设系统随动系统固有部分的传递函数为

$$G_0(s) = \frac{K}{s(s+1)(0.01s+1)}$$

要求系统校正后,满足下列指标:

(1) 速度放大系数 $K_v \geqslant 200$;

(2) 超调量 $\sigma_p \leqslant 30\%$;

(3) 调整时间 $T_s \leqslant 0.3s$。

试绘制其阶跃响应曲线并选择反馈校正装置。

# 项目 5

# 不可逆直流调速系统

引言

本项目首先介绍了直流调速的基本概念,后面通过转速负反馈(单闭环)直流调速、电流截止负反馈、稳态参数计算、电压负反馈(单闭环)直流调速、无静差调速以及转速、电流转速双闭环调速系统来介绍了分析自动控制系统的一般方法(包括组成、框图的建立、结构特点、系统启动、自动调节过程以及系统达到的性能要求)。

想一想:图 5-1 中的控制系统有哪些环节组成呢? 它们分别起了什么作用?

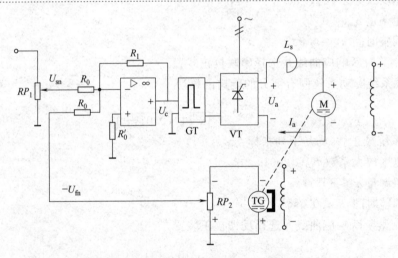

图 5-1  具有转速负反馈的直流调速系统原理图

# 任务 5.1  直流调速系统的基本概念

【任务引入】

所谓调速,就是指通过某种方法来调节(改变)电动机的转速。调速系统是按照电动机的类型来进行分类。如果调节的是直流电动机的转速,则称这类调速系统为直流调速系统;如果调节的是交流电动机的转速,则可称为交流调速系统。

想一想:你知道哪些是直流调速系统?这些系统分别采用的是什么调速方法呢?

**【学习目标】**

(1) 理解直流调速系统的基本概念。

(2) 了解常用的几种调速方法。

(3) 了解调速性能要求。

(4) 掌握调速指标 $D$ 与 $S$ 之间的关系。

**【任务分析】**

通过分析电动机的电气方程,找到实现调速的几种调速方法。实际上不同的调速控制系统的要求也不相同,下面就来分析调速系统对转速的控制要求与系统性能指标之间的关系。

## 5.1.1　调速的几种方法

(1) 直流电动机供电原理图,如图 5-2 所示。

(2) 直流电动机电气方程。

$$\begin{cases} U_d = E + I_d R_d \\ E = C_e \Phi = K_e \Phi n \\ n = \dfrac{U_d - I_d R_d}{K_e \Phi} \end{cases} \quad (5\text{-}1)$$

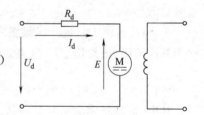

图 5-2　电动机供电原理图

式中:$U_d$ 为电动机电枢电压;$E$ 为电枢电动势;$R_d$ 为电枢电阻;$n$ 为转速;$\Phi$ 为励磁磁通;$K_e$ 为由电动机决定的电动势系数。

(3) 直流他励电动机的调速方法。

由直流他励电动机的转速方程可见,有三种调节转速的方法,即调节电动机电枢供电电压 $U_d$,减弱励磁磁通 $\Phi$,改变电枢电阻 $R_d$。

① 调节电动机电枢供电电压的调速。由式(5-1)可知,当磁通 $\Phi$ 和电阻 $R_d$ 一定时,改变电枢供电电压 $U_d$,可以平滑地调节转速 $n$,机械特性将上下平移,由于受电动机绝缘性能的影响,电枢电压只能向小于额定电压的方向变化,所以这种调速方式只能在电动机额定转速以下调速。对于要求在一定范围内无级平滑调速的系统来说,以调节电枢供电电压方式为最好,调压调速是调速系统最主要的调速方式。

② 减弱励磁磁通的调速。由式(5-1)可知,当磁通 $U_d$ 和电阻 $R_d$ 一定时,减小励磁磁通 $\Phi$(考虑直流电动机额定运行时,磁路已接近磁饱和,因此励磁磁通只能向小于额定磁通的方向变化),电动机的转速将高于额定转速,机械特性将上移。

由于弱磁调速是在额定转速以上调速,电动机最高转速受换向器和机械强度的限制,其调速范围不可能太大,往往只是配合调压调速方案,在额定转速以上作小范围的升速。这样,调压与调磁相结合可以扩大调速范围。

③ 改变电枢回路电阻调速。一般是在回路中串接附加电阻,调速方法损耗较大,只能进行有级调速,通常只适用于小功率场合。

### 5.1.2 调速系统对转速的控制要求与系统性能指标之间的关系

(1) 有大量的生产机械对电力拖动系统提出了不同的转速控制要求,归纳起来有三方面。

① 调速:在一定的最高转速和最低转速的范围内分档(有级)或平滑(无级)地调节电动机的转速。

② 稳速:以一定的精度稳定在所需要的转速上,尽量不受负载变化、电网电压变化等外部因素的干扰。

③ 加减速控制:频繁启动、制动的生产机械要求尽量缩短启动与制动的时间,以提高生产效率,不宜经受剧烈速度变化的生产机械则要求启动、制动的过程越平稳越好。

以上三个方面,除调速反映了调速系统的控制方式之外,其余两个方面分别反映了调速系统对系统稳态性能及快速性能的要求。

(2) 在调速指标与系统性能指标之间的关系如下。

实际生产过程中,调速控制要求并不都是必须具备的,有时可能要求其中的一项或两项能够满足。

① 调速范围 $D$。生产机械要求电动机能提供的最高转速 $n_{max}$ 和最低转速 $n_{min}$ 之比称为调速范围,通常用字母 $D$ 来表示,即有

$$D = \frac{n_{max}}{n_{min}} \tag{5-2}$$

其中,最高转速 $n_{max}$ 和最低转速 $n_{min}$ 一般都是指额定负载时的转速,对于少数负载很轻的机械设备来说也可以用实际负载时的转速。

② 静差率 $s$。电动机在某一转速下运行时,负载由理想空载转速变到满载时所产生的转速降落 $\Delta n$ 与理想空载转速 $n_0$ 之比,称为静差率 $s$,常用百分数来表示,即有

$$s = \frac{\Delta n}{n_0} \times 100\% \tag{5-3}$$

静差率是用来表示负载转矩变化时电动机转速变化的程度,它与机械特性的硬度有关,机械特性越硬,静差率越小,转速稳定度越高,如图 5-3 所示。高速下的静差率较小,低速时的静差率较大,故满足低速时的静差率 $s$ 要求时,大于最低速时的静差率都能满足,因此一般所提的静差率要求是指系统在最低速时的静差率指标。

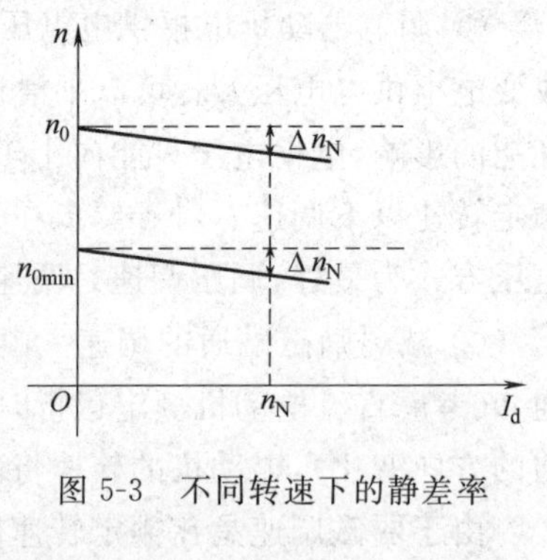

因此,调速范围和静差率这两项指标是相互关联的,必须同时提出来。对于一个调速系统所提的静差率要求,主要是对最低速时的静差率要求,即

图 5-3　不同转速下的静差率

$$s = \frac{\Delta n}{n_{0min}} \times 100\%$$

如果最低速时的静差率能够通过的话,那么高速时就不会有问题。

③ 静差率 $s$ 与调速范围 $D$ 之间的关系,即

$$D = \frac{n_N \times s}{\Delta n(1-s)} \tag{5-4}$$

【例 5-1】　某调速系统的额定转速 $n_N = 1450 \text{r/min}$,额定转速降落 $\Delta n_N = 80 \text{r/min}$,当要求静差率 $s \leqslant 25\%$ 时,系统能达到的调速范围是

$$D = \frac{n_N s}{\Delta n_N(1-s)} = \frac{0.25 \times 1450}{80 \times (1-0.25)} = 6.04$$

如果要求 $s \leqslant 15\%$,则调速范围只有

$$D = \frac{n_N s}{\Delta n_N(1-s)} = \frac{0.15 \times 1450}{80 \times (1-0.15)} = 3.20$$

当对 $D$、$s$ 都提出一定要求时,为了满足要求,就必须使 $\Delta n_N$ 小于某一个值。可见调速要解决的问题就是如何减少转速降落。

# 任务 5.2　转速负反馈直流调速系统

【任务引入】

许多生产机械要求控制的物理量是转速,因此调速系统是最基本的拖动控制系统。由于晶闸管直流调速的调速性能好(机械特性硬,调速范围大,控制精度高,功率大),因此当前仍有着广泛的应用。下面将通过一个典型实例来介绍晶闸管直流调速系统。

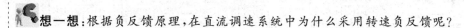

想一想:根据负反馈原理,在直流调速系统中为什么采用转速负反馈呢?

【学习目标】

(1) 理解转速负反馈的组成、框图及分析系统的自动调节过程。

(2) 能够通过分析系统的静特性方程,比较开环与闭环系统的不同。

(3) 理解反馈控制规律。

(4) 通过稳态参数计算,理解调速系统的环节间的关系。

【任务分析】

采用一般的控制系统的分析方法(包括系统组成、系统框图的建立、结构特点分析、自动调节过程和系统可能达到的技术技能),对转速负反馈晶闸管直流调速系统进行分析。

## 5.2.1　转速负反馈直流调速系统的组成、框图和自动调节过程

### 1. 系统的组成

图 5-1 为单闭环直流调速系统原理示意图。由图 5-1 可见,该控制系统的被控对象是直流电动机 M,被调量是电动机的转速 $n$,晶闸管触发电路和整流电路为功率放大和执行环节,由运算放大器构成的比例调节器为电压放大和电压(综合)比较环节,电位器 $RP_1$ 为给定环节,测速发电机 TG 与电位器 $RP_2$ 为转速检测元件。

下面分别介绍一下这些部件的特点与作用。

（1）直流电动机

直流电动机的物理关系式、微分方程、框图见项目 2 任务 2.4 中直流电动机的传递函数。

（2）晶闸管整流电路

晶闸管装置的传递函数及框图见项目 2 任务 2.3 中晶闸管触发电路的传递函数。

（3）放大电路

此处采用的是由运算放大器组成的比例调节器。其放大倍数为 $R_1/R_0$，在其输入端有 3 个输入信号：给定电压（$U_{sn}$），测速反馈信号（$-U_{fn}$）及电流截止反馈信号（$-U_{fi}$）。所以，此系统中的比例调节器既是电压放大环节，又是比较环节。

（4）转速检测环节

测速发电机的物理关系式、微分方程、框图见项目 2 任务 2.2 中测速发电机的传递函数。测速反馈信号 $U_{fn}$ 与转速成正比，$U_{fn}=\alpha_n n$，$\alpha_n$ 称为转速反馈系数。

**2. 系统的框图**

（1）动态框图

直流调速系统的动态框图如图 5-4 所示。由图 5-4 可以看出，调速系统存在着两个闭环，一个是电动机内部的电动势构成的闭环，另一个是转速负反馈构成的闭环。此外，它还清楚表明了电枢电压、电流、电磁转矩、负载转矩及转速之间的关系。

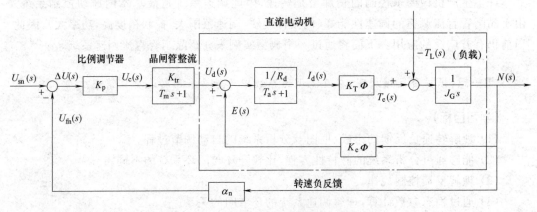

图 5-4　具有转速负反馈直流调速系统的系统框图

（2）稳态框图

系统在稳定运行时，触发装置和晶闸管整流装置为比例环节，且其传递函数为 $\dfrac{U_d}{U_c}=K_{tr}$，电动机的开环机械特性为 $n=\dfrac{U_d-I_d R_\Sigma}{K_e\Phi}=K_m(U_d-I_d R_\Sigma)$。根据上述关系，转速闭环系统的稳态框图如图 5-5 所示。

**3. 自动调节过程**

当电动机的转速 $n$ 由于某种原因（例如机械负载转矩 $T_L$ 增加）而下降时，系统将同时存在着两个调节过程：一个是电动机内部产生的以适应外界负载转矩变化的自动调节过程，另一个则是由于转速负反馈环节作用而使控制电路产生相应变化的自动调节过程。这两个调节过程如图 5-6 所示。

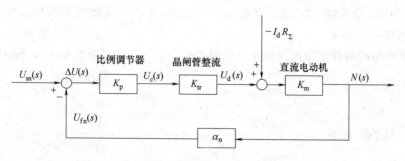

图 5-5　转速负反馈稳态框图

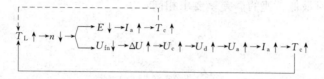

图 5-6　具有转速负反馈的直流调速系统的自动调速过程

## 5.2.2　系统性能分析

**1. 静特性方程**

由稳态框图可以导出系统的静特性方程式

$$n = \frac{K_p K_{tr} K_m}{1 + K_p K_{tr} K_m \alpha_n} U_{sn} - \frac{K_m R_\Sigma}{1 + K_p K_{tr} K_m \alpha_n} I_d$$

$$= \frac{K_p K_{tr} K_m}{1 + K_n} U_{sn} - \frac{K_m R_\Sigma}{1 + K_n} I_d = n_{0c} - \Delta n_c \tag{5-5}$$

式中：$K_n$ 为闭环系统的开环放大系数，$K_n = K_p K_{tr} K_m \alpha_n$；$n_{0c}$ 为闭环系统的理想空载转速；$\Delta n_c$ 为闭环系统的稳态速降。

**2. 闭环系统静特性与开环系统机械特性的比较**

将闭环系统静特性与开环系统机械特性进行比较，就能清楚地看出闭环控制系统的优越性。如果断开转速反馈回路（令 $\alpha_n = 0$，则 $K_n = 0$）则上述系统的开环机械特性为

$$n = K_p \cdot K_{tr} \cdot K_m \cdot U_{sn} - K_m \cdot R_\Sigma \cdot I_d = n_{0op} - \Delta n_{op} \tag{5-6}$$

式中：$n_{0op}$ 和 $\Delta n_{op}$ 分别为开环系统的理想空载转速和稳态速降。比较式(5-5)和式(5-6)可以得出如下结论。

（1）闭环系统静特性比开环系统机械特性硬得多。在同样的负载下，两者的稳态速降分别为

$$\Delta n_{op} = K_m R_\Sigma I_d$$

$$\Delta n_{cl} = \frac{R_\Sigma K_m I_d}{1 + K_n}$$

它们的关系是

$$\Delta n_{cl} = \frac{\Delta n_{op}}{1 + K_n} \tag{5-7}$$

显然,当 $K_n$ 值比较大时,$\Delta n_{cl}$ 比 $\Delta n_{op}$ 要小得多,也就是说闭环系统的静特性比开环系统的机械特性硬得多。

(2)闭环系统的静差率比开环系统的静差率小得多。闭环系统和开环系统的静差率分别为

$$s_{cl} = \frac{\Delta n_{cl}}{n_{0cl}}, \quad s_{op} = \frac{\Delta n_{op}}{n_{0op}}$$

当 $n_{cl} = n_{op}$ 时,则有

$$s_{cl} = s_{op}/(1+K_n) \tag{5-8}$$

(3)当要求静差率一定时,闭环系统的调速范围可以大大提高。如果电动机的最高转速都是 $n_N$,且对最低转速的静差率要求相同,

开环时
$$D_{op} = \frac{n_N s}{\Delta n_{op}(1-s)}$$

闭环时
$$D_{cl} = \frac{n_N s}{\Delta n_{cl}(1-s)}$$

所以
$$D_{cl} = (1+K_n)D_{op} \tag{5-9}$$

(4)闭环系统必须设置放大器。由以上分析可以看出,上述三条优越性是建立在 $K_n$ 值足够大的基础上的。由系统的开环放大系数 $K_n = K_p K_{tr} K_m \alpha_n$ 表达式可以看出,若要增大 $K_n$ 值,只能增大 $K_p$ 和 $\alpha_n$ 值,因此必须设置放大器。开环系统中,$U_{sn}$ 直接作为 $U_c$ 来控制,因而不用设置放大器。而在闭环系统中,引入转速负反馈电压 $U_{fn}$ 后,$U_c = K_p \Delta U_n$ 很低,所以必须设置放大器,才能获得足够的控制电压 $U_c$。

综上所述,可得出这样的结论:闭环系统可以获得比开环系统硬得多的静特性,且闭环系统的开环放大倍数越大,静特性就越硬,在保证一定静差率要求下其调速范围越大,但必须增设转速检测与反馈环节和放大器。

【例 5-2】 龙门刨床工作台采用 Z2-93 型直流整流器电动机,其参数分别为 60kW、220V、305A、1000r/min,电枢电阻 $R_d$ 为 0.05Ω,晶闸管的放大倍数为 30,内阻为 0.13Ω,要求 $D=20$,$S \leqslant 5\%$,若采用开环控制系统是否能够满足要求?若采用 $\alpha_n = 0.015V \cdot min/r$ 转速负反馈闭环系统,问放大器的放大系数为多大时才能满足要求?

**解**:开环系统在额定负载下的转速降落为
$$\Delta n_N = I_n R_\Sigma K_m$$

$K_m$ 可由电动机名牌额定数据求出

$$K_m = \frac{1}{C_e} = \frac{n_N}{U_n - I_n R_d} = \frac{1000}{220 - 305 \times 0.05} = 5r/(V \cdot min)$$

所以        $\Delta n_N = I_n R_\Sigma K_m = 305 \times (0.05 + 0.13) \times 5 = 275r/min$

高速时静差率    $s_1 = \frac{\Delta n_N}{n_N + \Delta n_N} = \frac{275}{1000 + 275} = 0.216 = 21.6\%$

最低速为    $n_{min} = \frac{n_N}{D} = \frac{1000}{20} = 50r/min$

此时的静差率    $s_2 = \frac{\Delta n_N}{n_{min} + \Delta n_N} = \frac{275}{50 + 275} = 0.85 = 85\%$

由以上计算可以看出,低速时的 $s_2$ 远大于高速时的 $s_1$,并且二者均大于 5%,而开环系统本身的稳态速降 $\Delta n_N = I_n R_\Sigma K_m$ 又无法改变,所以开环系统不能满足要求。

如果要是满足 $D=20,s \leqslant 5\%$ 的要求,$\Delta n_N$ 应该是多少呢?

$$\Delta n_N = \frac{n_N s}{D(1-s)} = \frac{1000 \times 0.05}{20 \times (1-0.05)} = 2.63 \text{r/min}$$

很明显,只有把额定稳态速降从开环系统的 $\Delta n_{op} = 275 \text{r/min}$ 降低到 $\Delta n_{cl} = 2.63 \text{r/min}$ 以下,才能满足要求。若采用 $\alpha_n = 0.015 \text{V} \cdot \text{min/r}$ 转速负反馈闭环系统,放大器的放大系数由式(5-7)得

$$K_n = \frac{\Delta n_{op}}{\Delta n_{cl}} - 1 = \frac{275}{2.63} - 1 = 103.6$$

$$K_p = \frac{K_n}{K_{tr} K_m \alpha_n} = \frac{103}{30 \times 0.015 \times 5} = 46$$

可见只要放大器的放大系数大于或等于 46,转速负反馈系统就能满足要求。

## 5.2.3　反馈控制规律

转速闭环调速系统是一种基本的反馈控制系统,它具有以下 4 个基本特征,也就是反馈控制规律。

### 1. 有静差

采用比例放大器的反馈控制系统是有静差的。从前面对静特性的分析中可以看出,闭环系统的稳态速降为

$$\Delta n_{cl} = \frac{R_\Sigma K_m I_d}{1 + K_n}$$

只有当 $K_n = \infty$ 才能使得 $\Delta n_{cl} = 0$,即实现无静差。实际上不可能获得无穷大的 $K_n$ 值,况且过大的 $K_n$ 值将导致系统的不稳定。

从控制作用上看,放大器输出的控制电压 $U_c$ 与转速偏差电压 $\Delta U_n$ 成正比,如果实现了无静差,则 $\Delta n_{cl} = 0$,转速偏差电压 $\Delta U_n = 0$,$U_c = 0$,控制系统就不产生作用,系统将停止工作。所以这种系统是以偏差存在为前提的,反馈环节只是检测偏差,通过控制减小偏差,而不能消除偏差,因此它是有静差系统。

### 2. 被调量紧紧跟随给定量变化

在转速负反馈调速系统中,改变给定电压 $U_{sn}$,转速负反馈随之跟着变化。因此,对于反馈控制系统,被调量总是紧紧跟随给定信号变化的。

### 3. 闭环系统对包围在环内的一切主通道上的扰动作用都能够有效抑制

当给定电压 $U_{sn}$ 不变化时,把引起被调量转速发生变化的所有因素称为扰动。上面只讨论了负载变化引起稳态速降。实际上,引起转速变化的因素还很多,如交流电源电压的波动,电动机励磁电流的变化,放大器放大系数的漂移,由温度变化引起的主电路电阻的变化等。图 5-7 中画出了各种扰动作用,其中代表电流 $I_d$ 的箭头表示负载扰动,其他指向各方框的箭头分别表示会引起该环节放大系数变化的扰动作用。此图清楚地表明:反馈环内且作用在控制系统主通道上的各种扰动,最终都将要影响到被调量转速的变化,而且都会被检测环节检测出来,通过反馈控制作用减小它们对转速的影响。

（1）当放大器放大系数的漂移，使 $K_p \uparrow$，则

$K_p \uparrow \rightarrow U_c \uparrow \rightarrow U_{d0} \uparrow \rightarrow I_d \uparrow \rightarrow n \uparrow \rightarrow U_{fn} \uparrow \rightarrow \Delta U_n = (U_{sn} - U_{fn}) \downarrow \rightarrow U_c \downarrow \rightarrow U_{do} \downarrow \rightarrow n \downarrow$，

即放大器系数漂移引起的转速变化，最终可通过反馈控制作用减小它们对转速的影响。

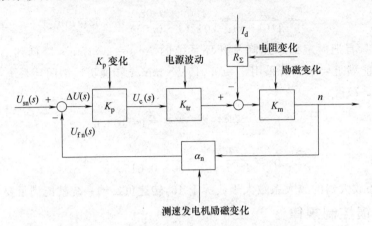

图 5-7　反馈控制系统给定作用和扰动作用

（2）当电网电压扰动时

$U_2 \uparrow \rightarrow U_{d0} \uparrow \rightarrow I_d \uparrow \rightarrow n \uparrow \rightarrow U_{fn} \uparrow \rightarrow \Delta U_n = (U_{sn} - U_n) \downarrow \rightarrow U_c \downarrow \rightarrow U_{d0} \downarrow \rightarrow n \downarrow$，最终也可以通过负反馈得到调节。

抗扰性能是闭环负反馈控制系统最突出的特征。根据这一特征，在设计系统时，一般只考虑其中最主要的扰动，如在调速系统中只考虑负载扰动，按照抑制负载扰动的要求进行设计，其他扰动的影响必然会受到闭环负反馈的抑制。

（3）反馈控制系统对给定电源和检测装置中的扰动是无法抑制的

由于被调量转速紧紧跟随给定电压的变化，当给定电源发生不应有的波动时，转速也随之变化。反馈控制系统无法鉴别是正常的调节还是不应有的波动，因此高精度的调速系统需要高精度的给定电源。

另外，反馈控制系统也无法抑制由于反馈检测环节本身的误差所引起的被调量的偏差。如图 5-7 中测速发电机励磁发生变化，则转速反馈电压 $U_{fn}$ 必然改变，通过系统的反馈调节，反而偏离了原应保持的数值。此外，测速发电机输出电压中的纹波，由于制造和安装不良造成的转子和定子间的偏心等，都会给系统带来周期性的干扰。为此，高精度的系统还必须有高精度的反馈检测元件作保障。

## 5.2.4　稳态参数计算

设计有静差调速系统时，首先必须进行系统稳态参数计算。下面以一个具体的直流调速系统说明稳态参数计算。

【例 5-3】　直流调速系统如图 5-3 所示，已知数据如下。

（1）电动机额定参数为 2.2kW，220V，12.5A，1500r/min，电枢电阻 $R_d = 1.36\Omega$。

（2）触发整流装置放大系数 $K_{tr} = 40$，整流装置内阻 $R_r = 3.24\Omega$。

（3）平波电抗器电阻 $R_s = 0.4\Omega$。

（4）测速发电机的额定参数为 22kW，110V，0.2A，2000r/min。

（5）生产机械要求调速范围 $D=10$，静差率 $s \leqslant 5\%$。

根据以上参数和稳态要求计算参数如下。

（1）为了满足要求，允许的稳态速降

$$\Delta n_{cl}=\frac{n_N s}{D(1-s)}=\frac{1500 \times 0.05}{10 \times (1-0.05)}=7.9 \text{r/min}$$

（2）根据 $\Delta n_{cl}$，计算出开环放大系数

$$\Delta n_{cl}=\frac{K_m I_d R_\Sigma}{1+K_n}K_n$$

而　　　　　$R_\Sigma=R_r+R_s+R_d=1.36+0.4+3.24=5\Omega$

$$K_m=\frac{1}{C_e \Phi}=\frac{n_N}{U_N-I_N R_d}=\frac{1}{0.1353}=7.39 \text{r/(V·min)}$$

故　　　　　$K_n=\frac{K_m R_\Sigma I_d}{\Delta n_N}-1=58.5$

（3）计算测速环节的放大系数 $\alpha_n$。测速反馈系数 $\alpha_n$ 包含测速发电机的电动势转速比 $K_T$ 和电阻 $RP_2$ 的分压系数 $\alpha_2$。

根据测速发电机的数据可得

$$K_T=\frac{E_T}{n}=\frac{110}{2000}=0.055 \text{V·min/r}$$

电位器的选择原则：①不宜过大，过大则测速机电枢电流过小，碳刷接触电阻影响增大，影响测速精度；②不宜过小，过小则电枢电流过大，电枢反应和压降均增加，也影响测速精度。

一般按测速发电机在输出最高电压时，输出电流为额定电流的 $5\%\sim20\%$，本例中我们选择 $5\%$，即输出电流为 $0.2 \times 0.05=0.01\text{A}$，则电动机在最高转速为 $1500\text{r/min}$，测速机的反馈电压为

$$E_T=K_T n=0.055 \times 1500=82.5\text{V}$$

则　　　　　$$RP_2=\frac{82.5}{0.01 \times 1000}=82.5\text{k}\Omega$$

故可选为 $9\text{k}\Omega$。

分压系数 $\alpha_2$ 是可以任意改变的。增大这个系数可以增强转速负反馈的强度，但分压系数增大后，从测速发电机取出的反馈电压增高，势必要求提高给定电源电压 $U_{sn}$，过高的给定电源电压，则会增加稳压电源的容量，这是不合适的。若系统的直流稳压源为 $\pm 15\text{V}$，最大转速给定电压为 $8\text{V}$，则 $U_{fn}$ 最大可取 $8\text{V}$，则分压系数 $\alpha_2$ 可取

$$\alpha_2=\frac{U_{fn}}{E_T}=\frac{8}{82.5}=\frac{R_2}{RP_2}=0.097$$

测速反馈系数 $\alpha_n$ 为

$$\alpha_n=K_T \alpha_2=0.00534 \text{V·min/r}$$

（4）计算比例放大器的放大系数和参数

$$K_p=\frac{K_n}{K_{tr}K_m \alpha_n}=\frac{58.5}{40 \times 7.39 \times 0.00534}=37$$

按运算放大器参数，输入电阻一般可选为几千欧，先取 $R_0=20\text{k}\Omega$，则

$$R_1 = K_P R_0 = 37 \times 20 \text{k}\Omega = 740 \text{k}\Omega$$

# 任务 5.3　电流截止负反馈环节

**【任务引入】**

在上面的转速负反馈调速系统中,从静态来看,闭环控制已经解决了转速调节问题,但是由于不能保证在动态下没有过电流的情况,所以这样的系统还不能付诸实用。因此,需要在系统中加入限流环节。带电流截止负反馈环节的转速负反馈系统如图 5-8 所示。

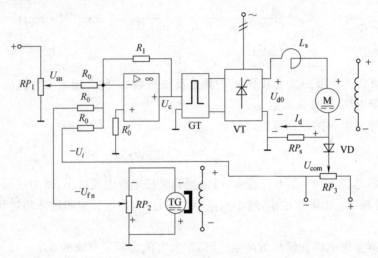

图 5-8　带电流截止负反馈环节的转速负反馈系统

> 想一想:在什么情况下限流环节会起作用呢?

**【学习目标】**

(1) 理解电流截止环节的实现原理。

(2) 系统加入电流截止环节后对系统自动调节过程的影响。

(3) 系统加入电流截止环节后对系统静特性的影响。

**【任务分析】**

采用一般的控制系统的分析方法(包括系统组成、系统框图的建立、结构特点分析、自动调节过程和系统可能达到的技术技能)对电流截止负反馈晶闸管直流调速系统进行分析。

## 5.3.1　电流截止负反馈环节的实现

众所周知,直流电动机在启动、堵转或过载时会产生很大的电流,这不仅对电动机的换向不利,对过载能力很低的晶闸管来说也是不允许的。对转速负反馈闭环系统突加给定电压时,由于机械惯性,转速不可能建立起来,此时反馈电压为零,加在调节器输入端的偏差电压会很大,由于调节器和触发装置的惯性都很小,整流电压会立即达到很大,此时电枢电流远远超过允许值。另外,有些生产机械的电动机可能会遇到堵转情况,如由于故障使机械轴被卡住或挖土机工作时遇到坚硬的石头等。在这些情况下,由于闭环系统的稳态性能很硬,若无限流环节,电枢电流将远远超过允许值。因此,必须采取措施限制启动时的冲击电流。

为了解决上述问题,系统中必须设有自动限制电枢电流的环节。但是调速系统还应具备以下两点:①启动过程中和堵转状态下能自动保持电流不超过允许值;②在稳定运行时,仍具备闭环调速系统的一切优势。从前一点考虑,可引入电流负反馈来限流;从后一点考虑,这种限流反馈作用只能在启动和堵转时存在,在电动机正常运行时应自动取消。这种当电流达到一定程度时才出现的电流负反馈称为电流截止负反馈。其电路图如图 5-9 所示。

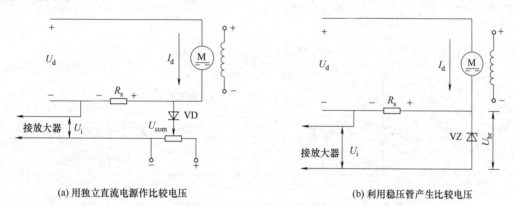

(a) 用独立直流电源作比较电压　　　　　　(b) 利用稳压管产生比较电压

图 5-9　电流截止反馈环节

电流反馈信号从串联于电枢回路的小电阻 $R_s$ 上取出,大小为 $I_d R_s$,正比于电枢电流。电流截止环节是由提供电流截止比较电压 $U_{com}$ 的调节电位器 $RP_3$ 及其直流电源和二极管 VD 组成,二极管的作用是保证电流反馈控制电路中只能有单方向电流,相当于电流截止的控制开关。设 $I_{dcr}$ 为临界截止电流,引入电流截止比较电压 $U_{com}$ 并等于 $I_{dcr} R_s$,将其与 $I_{dcr}$ 反向串联,参见图 5-9(a)。

在转速闭环调节系统的基础上,增加电流截止负反馈环节,就可以构成带有电流截止负反馈的转速闭环调速系统,参见图 5-8。

## 5.3.2　自动调节过程及对系统静特性的影响

系统正常工作时,$I_{dcr} R_s \leqslant U_{com}$,即 $I_d \leqslant I_{dcr}$,二极管截止,电流反馈被切断,此时系统就是一般的转速负反馈闭环调速系统,其静特性很硬。

当启动或堵转产生过大电流时,$I_{dcr} R_s \geqslant U_{com}$,即 $I_d \geqslant I_{dcr}$,二极管导通,电流反馈信号 $U_i = I_{dRs} - U_{com}$ 加至放大器的输入端,此时偏差电压 $\Delta U = U_{sn} - U_{fn} - U_{fi}$,$U_{fi}$ 随 $I_d$ 的增大而增大,使 $\Delta U$ 下降,从而 $U_{d0}$ 下降,$I_d$ 一直上升。此时系统静特性很软。电流负反馈的限流过程为

$$I_d \uparrow \rightarrow U_{fi} \uparrow \rightarrow \Delta U \downarrow \rightarrow U_{ct} \downarrow \rightarrow U_{d0} \downarrow \rightarrow I_d \downarrow$$

调节 $U_{com}$ 的大小,即可改变临界截止电流 $I_{dcr}$ 的大小,从而实现系统限制电枢电流的控制要求,图 5-9(b) 是利用稳压管 VZ 的击穿电压 $U_{br}$ 作为比较电压的电路,其线路简单,但

不能平滑调节临界截止电流值,调节不便。

应用电流截止负反馈环节后,虽然限制了最大电流,但在主回路中,为防止短路还必须接入快速熔断器。为防止在截止环节出故障时把晶闸管烧坏,在要求较高的场合,还应增设电流继电器。

> 💭**想一想**:常见的熔断丝、过流保护单元动作电流及电流截止环节在整定时的电流大小需要满足一定关系吗?

由系统中各环节的输入/输出关系,可以画出系统的稳态框图,如图 5-10 所示,由此来分析系统的静特性。根据电流截止负反馈的特性和框图可推出系统的静特性方程式。

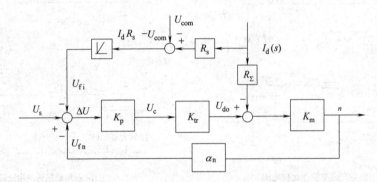

图 5-10　带电流截止负反馈转速闭环调速系统的稳态框图

当 $I_d R_s \leqslant U_{com}$ 时,电流截止负反馈不起作用,系统的闭环静特性方程式为

$$n = \frac{K_p K_{tr} K_m U_{sn}}{1 + K_n} - \frac{K_m R_\Sigma}{1 + K_n} I_d = n_0 - \Delta n \tag{5-10}$$

当 $I_d R_s \geqslant U_{com}$ 时,电流截止负反馈起作用,其静特性方程式为

$$n = \frac{K_p K_s K_m U_{sn}}{1 + K_n} - \frac{K_m R_\Sigma}{1 + K_n} I_d - \frac{K_m K_p K_s}{1 + K_n}(R_s I_d - U_{com}) \tag{5-11}$$

$$= \frac{K_p K_s K_m (U_{sn} + U_{com})}{1 + K_n} - \frac{(R_\Sigma + K_p K_s R_s) K_m I_d}{1 + K_n} = n_0' - \Delta n'$$

由上述两式构成稳态特性曲线如图 5-11 所示,式(5-10)对应于图中的 $n_0 A$ 段,它就是稳态特性较硬的转速负反馈闭环调速系统。式(5-11)对应于图中的 $AB$ 段,此时电流负反馈起作用,特性急剧下垂。两端特性相比有如下特点。

(1) $n_0' \gg n_0$,这是由于比较电压 $U_{com}$ 与给定电压 $U_{sn}$ 的作用一致,因而提高了虚拟的理想空载转速 $n_0'$。实际上图虚线 $n_0' A$ 段因电流负反馈被截止而不存在。

(2) $\Delta n_0' \gg \Delta n$,这说明电流截止负反馈环节起作用时,相当于在主电路中串入一个大电阻 $K_p K_s R_s$,因此随负载电流的增大,转速急剧下降,稳态速降极大,特性急剧下垂。

这样的两段式稳态特性通常称为"挖土机特性",当挖土机遇到坚硬的石块儿过载时,电动机停下,如图中的 $B$ 点,此时的电流不过等于堵转电流 $I_{dbl}$,$A$ 为临界截止电流 $I_{dcr}$。

当系统堵转时,$n = 0$,由式(5-11)得

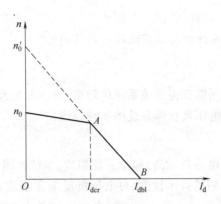

图 5-11　带电流截止负反馈转速闭环调速系统的稳态特性

$$I_d = I_{dbl} = \frac{K_p K_s (U_n^* + U_{com})}{R + K_p K_s R_s} \tag{5-12}$$

一般 $K_p K_s R_s \gg R$，所以

$$I_{dbl} = \frac{U_n^* + U_{com}}{R_s} \leqslant \lambda I_n \tag{5-13}$$

式中：$\lambda$ 为电动机的过载参数，一般为 $1.5 \sim 2$。

由式(5-12)和式(5-13)可得

$$U_{sn}/R_s = I_{dbl} - I_{dcr} \leqslant (\lambda - 1.2) I_n$$

上述关系可作为设计电流截止负反馈环节参数的依据。

在实际系统中，也可用电流互感来检测主回路的电流，从而将主回路与控制回路实行电气隔离，保证人身和设备安全。

## 任务 5.4　具有电压负反馈和电流正反馈的直流调速系统

【任务引入】

要实现转速负反馈必须有测速发电机，这不仅成本高而且给系统的安装与维护带来了困难。电压负反馈和电流补偿控制可以解决此问题，它适用于对调速指标要求不高的系统。电压负反馈调速系速原理如图 5-12 所示。

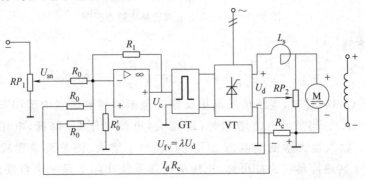

图 5-12　电压负反馈调速系统原理图

想一想：电压负反馈系统是怎么实现转速调节的呢？

**【学习目标】**

(1) 了解具有电压负反馈直流调速系统的组成，静态框图及静特性方程。

(2) 带电流正反馈的电压负反馈系统的实现原理。

**【任务分析】**

采用一般的控制系统的分析方法(包括系统组成、系统框图的建立、结构特点分析、自动调节过程和系统可能达到的技术技能)对电压负反馈和电流正反馈晶闸管直流调速系统进行分析。

## 5.4.1　具有电压负反馈直流调速系统的组成及定性分析

### 1. 系统的组成

从 $n = \dfrac{U_d - I_n R_a}{C_e} \approx \dfrac{U_d}{C_e}$ 可知，如果忽略电枢压降，则直流电动机的转速 $n$ 近似正比于电枢两端电压 $U_d$。因此可采用电压负反馈代替转速负反馈，维持转速 $n$ 的基本不变，如图 5-1 所示。

由图可见，电压反馈检测元件是起分压作用的电位器 $RP_2$。$RP_2$ 并联与直流电动机电枢两端，把它的一部分电压 $U_{fv} = \lambda U_d$ 反馈到输入端。与转速给定电压 $U_{sn}$ 比较后，得到偏差电压 $\Delta U_n$，经放大器放大后产生控制电压 $U_c$ 送给晶闸管触发器 GT，用以调节晶闸管整流输出电压 $U_d$，从而控制电动机的转速。其中 $\lambda$ 为电压负反馈系数。

### 2. 静态框图

系统的静态框图见图 5-13。

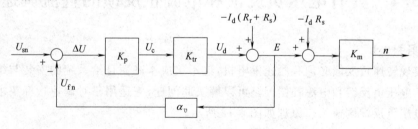

图 5-13　电压负反馈调速系统静态框图

### 3. 静态方程

$$n = \frac{K_p K_{tr} K_m}{1 + K_p K_{tr} \alpha_v} U_{sn} - \frac{(R_r + R_s) K_m}{1 + K_p K_{tr} \alpha_v} I_d - K_m R_d I_d \tag{5-14}$$

由方程式(5-14)可知，电压负反馈把反馈环包围的整流装置内阻引起的稳态速降减小到 $1/(1+K)$。当负载电流增加时，$I_d$ 增大，电枢电压 $U_d$ 降低，电压负反馈信号 $U_{fv}$ 随之降低。输入运放器偏差电压 $\Delta U_n = U_{sn} - U_{fv}$ 增大，使整流装置输出的电压增加，从而补偿了转速降落。由此可知，电压负反馈系统实际上是一个自动调压系统，扰动量 $-I_d R_d$ 不包围在反馈环内，由它引起的稳态速降便得不到抑制，系统的稳态精度较差。解决的办法是在此基础上再引入电流正反馈,以补偿电枢电阻引起的稳态压降。

## 5.4.2  带电流正反馈的电压负反馈调速系统

### 1. 系统的组成

图 5-14 为电压负反馈带电流补偿的调速原理图。它是在电压负反馈调速系统的基础上增加了一个电流正反馈环节。通常是在电枢回路中串入电流取样电阻 $R_c$,由 $I_d R_c$ 取得电流正反馈信号,$I_d R_c$ 的极性与转速给定的信号一致,而与电压负反馈信号 $U_{fv}$ 的极性相反。设电流反馈系数为 $\beta$,电流正反馈信号为 $U_i = \beta I_d$。

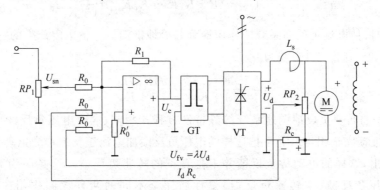

图 5-14  带电流正反馈的电压负反馈原理图

### 2. 静态框图

系统的静态框图见图 5-15。

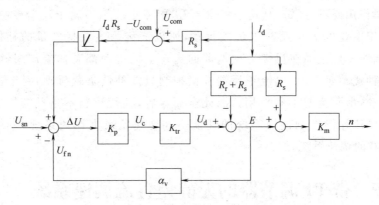

图 5-15  带电流正反馈的电压负反馈系统静态框图

### 3. 静特性框方程

利用框图的运算法则,可以直接写出系统的静特性方程式为

$$n = \frac{K_p K_{tr} K_m}{1 + K_v} U_{sn} - \frac{(R_r + R_s) K_m}{1 + K_v} I_d - K_m R_d I_d + \frac{K_p K_{tr} K_m R_c}{1 + K_v} I_d \tag{5-15}$$

式中:$K_v = \alpha_v K_p K_{tr}$。$\dfrac{K_p K_{tr} K_m R_c}{1 + K_v} I_d$ 项是由电流正反馈作用产生的,它能补偿另两项稳态速降,从而减小静差。系统总的调节过程为 $T_L \uparrow \rightarrow n \downarrow \rightarrow E \downarrow \rightarrow I_d \downarrow \rightarrow U_{fv} \downarrow$,又 $U_i =$

$\beta I_d \uparrow$，所以 $\Delta U_n \uparrow = (U_{sn} - U_{fv}) + U_i \uparrow \to U_c \uparrow \to U_{d0} \uparrow \to I_d \uparrow \to n \uparrow$。

当负载增大使稳态速降增加时，电压负反馈信号 $U_{fv}$ 随之降低，电流正反馈信号却增大，最终使输入运算放大器的偏差电压 $\Delta U_n = U_{sn} - U_{fv} + U_i$ 增大，使整流装置的输出电压增大，从而补偿了两部分电阻引起的转速降落。

如果补偿控制参数配合得恰到好处，可使静差为零，这种补偿叫全补偿。但如果参数受温度等因素的影响而发生变化，变为过补偿，静特性曲线上翘，则系统不稳定。所以工程实际中，常选择欠补偿。将 $R = R_r + R_s + R_d$ 代入式(5-15)，整理后得

$$n = \frac{K_p K_{tr} K_m}{1 + K_v} U_{sn} - (R + K_v R_d - K_p K_{tr} \beta) \frac{K_m}{1 + K_v} I_d \tag{5-16}$$

欠补偿时，使电流正反馈系统的作用恰到好处地抵消掉电枢电阻产生的一部分速降，$K_p K_{tr} \beta = K_v R_d$，则式(5-16)变为

$$n = \frac{K_p K_{tr} K_m U_{sn}}{1 + K_v} - \frac{R K_m I_d}{1 + K_v} \tag{5-17}$$

式(5-17)与转速负反馈调速系统的静特性方程式相同，这时电压负反馈加电流正反馈与转速负反馈完全相当。通常把这样的电压负反馈加电流正反馈称为电动势负反馈。

应当指出，这样的电动势负反馈并不是真正的转速负反馈。这是因为其中的电流正反馈与电压负反馈（或转速负反馈）是性质完全不同的两种控制作用。首先，电压（转速）负反馈属于被调量的负反馈，具有反馈控制的一般规律。放大系数 $K$ 值越大，静差越小，无论环境怎么变化都能可靠地减小静差。而电流正反馈是用一个速度升项去抵消原系统中的速度降项。它完全依赖于参数配合，当环境温度等因素使参数发生变化时，补偿作用便不可靠。从这个特点上看，电流正反馈不属于反馈控制，而称作补偿控制。由于电流的大小反映了负载扰动，所以又称为负载扰动量的补偿控制。其次，反馈控制对一切包围在反馈环内的前向通道上的扰动都有抑制作用，而补偿控制只是针对一种扰动而言的，电流正反馈补偿控制只能补偿负载扰动，对于电网电压那样波动的扰动，反而会起不利作用。因此全面地看，补偿控制不是反馈控制。上述的电压负反馈电流补偿控制调速系统的性能不如转速负反馈调速系统，一般只适用于 $D = 20, s = 10$ 的调速系统。

# 任务 5.5　带 PI 调节器的无静差直流调速系统

### 【任务引入】

在实际的调速系统中，往往希望实现无静差调速。要实现无静差调速，应采用积分调节器或比例-积分调节器，如图 5-16 所示，实际系统中为了加快系统的响应，都采用比例-积分调节器。

> 想一想：积分环节是如何实现无静差的？

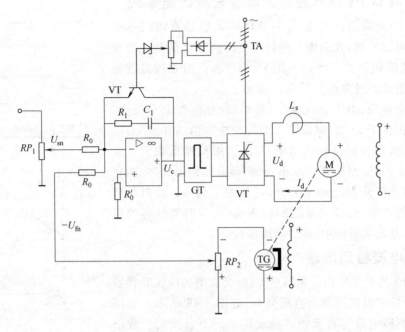

图 5-16  采用比例-积分调节器的无静差直流调速系统

【学习目标】

(1) 理解 PI 调节器的作用。

(2) 了解具有 PI 调节器的无静差调速系统的实现原理。

(3) 了解电流检测电路。

【任务分析】

采用一般的控制系统的分析方法(包括系统组成、自动调节过程和系统可能达到的技术技能)对带 PI 调节器的无静差晶闸管直流调速系统进行分析。

## 5.5.1  PI 调节器的作用

比例-积分调节器(简称 PI 调节器),如图 2-16(a)所示。其传递函数见式(2-28)。

PI 调节器控制的物理过程实质是,当突然增加输入信号时(动态时),由于电容两端电压不能突变,电容相当于短路,调节器相当于一个放大系数为 $K_p = R_1/R_0$ 的比例调节器,其输出端输出为输入端的 $K_p$ 倍,实现快速控制,此时放大系数数值不大,有利于系统的稳定。随着电容充电,输出电压开始积分的积累过程,其数值不断增加,直到实现转速的无静差控制。实际上,输出量不会无限制地增长,因为调节器通常都设有输出限幅电路,当输出电压达到运算放大器的限幅值时,就不再增长。稳态时,电容相当于开路,与积分调节器相同,其放大系数为运算放大器的开环放大系数,数值很大(在 $10^4$ 数量级以上),这使系统的稳态误差大大减小。这样不仅能很好地实现了快速性与无静差控制,同时又解决了系统的动、静态对放大系数要求不同的矛盾。

### 5.5.2　具有 PI 调节器的无静差直流调速系统

图 5-16 为采用比例-积分调节器的无静差直流调速系统。由图可以看出,此系统采用转速负反馈和电流截止负反馈环节,速度调节器(ASR)采用 PI 调节器。当系统负载突然增加时的动态过曲线如图 5-17 所示。

在初始阶段,由于 $\Delta n(\Delta U_{fn})$ 较小,积分曲线上升较慢。比例部分正比于 $\Delta U_{fn}$,虚曲线 1 上升较快。当 $\Delta n(\Delta U_{fn})$ 达到最大值时,积分部分的输出电压 $\Delta U_{c2}$ 增长速度增大。此后转为开始回升,$\Delta U_{fn}$ 开始减小,比例部分输出 $\Delta U_{c1}$ 曲线转为下降,积分部分 $\Delta U_{c2}$ 继续上升,直至 $\Delta U_{fn}$ 为零。此时比例部分起主要作用,保证了系统的快速响应;在调节过程的后期,积分部分起主要作用,最后消除偏差。

### 5.5.3　电流检测电路

图 5-16 的电流截止反馈信号 $U_{fi}$ 由交流侧的电流互感器测得,再经桥式整流后输出直流信号,如图 5-18 所示。整流装置的交流侧电流与直流侧电流成正比。当电流大于截止电流时,稳压管被击穿导通,负反馈电压 $U_{fi}$ 便使晶体管 VT 导通,从而使电流降低下来。

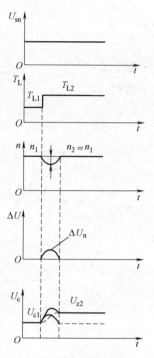

图 5-17　系统负载突然增加时的动态过程曲线

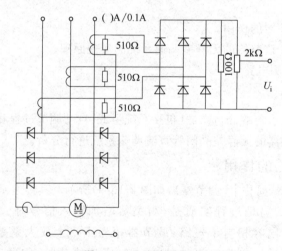

图 5-18　电流检测电路

# 任务 5.6　转速和电流双闭环直流调速系统

【任务引入】

采用 PI 调节器、带电流截止环节的转速负反馈调速系统,既实现了系统的稳定运行和无静差调速,又限制了启动时的最大电流。这对一般要求不太高的调速系统,已基本上满足要求了。但由于电流截止负反馈只能限制最大启动电流,而不能保证在整个启动过程中维持最大电流,随着转速上升,电动机反电动势增加,使启动电流到达最大值后又迅速降下来,电磁转矩也随之减小,影响启动的快速性(即启动时间较长)。

**想一想**:影响启动的主要因素是什么呢?什么才能缩短电机的启动和调节时间呢?

【学习目标】
(1) 理解理想启动过程和实际启动过程。
(2) 掌握电流、转速双闭环系统的组成,静态框图及稳态参数计算。
(3) 理解双闭环系统的启动过程及抗干扰过程。
(4) 掌握双闭环系统的优点。

【任务分析】
采用一般的控制系统的分析方法(包括系统组成、系统框图的建立、结构特点分析、自动调节过程和系统可能达到的技术技能)对转速、电流双闭环直流调速系统进行分析。

采用 PI 调节器、带电流截止环节的转速负反馈调速系统的启动过程参见图 5-19(a)。

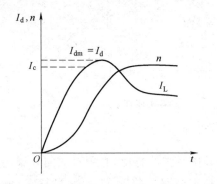
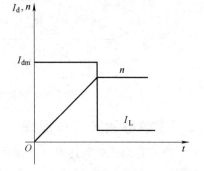

(a) 带电流截止负反馈的单闭环调速系统的启动过程　　　　　(b) 理想启动过程

图 5-19　调速系统启动过程的电流和转速波形

为了提高生产效率和加工质量,充分利用晶闸管元件及电动机的过载能力,要求实现理想启动。理想启动的波形如图 5-19(b)所示,即在整个启动过程中,使启动电流一直保持最大允许值,此时电动机以最大转速启动,转速迅速以直线规律上升,以缩短启动时间;启动结束后,电流从最大值下降为负载电流值且保持不变,转速维持给定速度不变。

为了实现理想启动过程,工程上采用转速电流双闭环负反馈调速系统。启动时,让转速外环饱和不起作用,电流内环起主要作用,调节启动电流保持最大值,使转速线性变化,迅速达到给定值;稳态运行时,转速负反馈外环起主要作用,使转速随转速给定电压的变化而变化,电流内环跟随转速外环的电枢电流以平衡负载电流。

### 5.6.1　双闭环直流调速系统的组成

转速电流双闭环的原理图如图 5-20 所示。为了使转速负反馈和电流负反馈分别起作用,系统设置可电流调节器 ACR 和转速调节器 ASR。由图 5-20 可见,电流调节器 ACR 和电流检测反馈回路构成了电流环,转速调节器 ASR 和转速检测反馈环节构成了转速环,故称为双闭环调速系统。因转速环包围电流环,故称电流环为内环(副环),转速环为外环(主环)。在电路中,ACR 和 ASR 串联,即把 ASR 的输出当作 ACR 的输入,再由 ACR 的输出去控制晶闸管整流器的触发装置。ASR 和 ACR 均为比例积分调节器,其输入/输出设备有限幅电路。ACR 的输出限幅值为 $U_{cm}$,它限制了晶闸管整流器输出电压 $U_{dm}$ 的最大值。ASR 输出限幅为 $U_{si}$,它决定了主回路中的最大允许电流 $I_{dm}$。

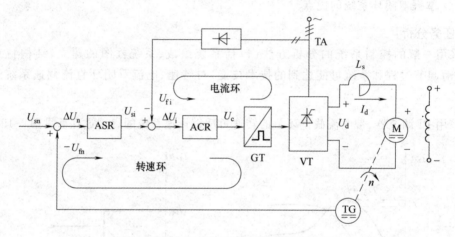

图 5-20　转速电流双闭环调速系统原理图

### 5.6.2　系统框图及工作原理

为了更清楚地了解转速电流双闭环直流调速系统的特性,必须对双闭环调速系统的稳态框图进行分析,图 5-21 为双闭环调速的稳态框图。ACR 和 ASR 的输入、输出信号的极性,主要视触发器电路对控制电压的要求而定。若触发器要求 ACR 的输出 $U_c$ 为正极性,由于调节器一般为反向输入,则要求 ACR 的输入 $U_i$ 为负极性,所以,要求 ASR 输入的给定电压 $U_{sn}$ 为正极性。

(1) 以电流调节器 ACR 为核心的电流环。电流环由电流调节器 ACR 和电流负反馈环组成闭合回路,通过电路负反馈的作用稳定电流。由于 ACR 为 PI 调节器,稳态时,其输入偏差电压为 $\Delta U_i = -U_{si} + U_{fi} = -U_{si} + \alpha_i = 0$,即 $\alpha_i = U_{si}/I_d$,其中 $\alpha_i$ 为电流反馈系数。

当 $U_{si}$ 一定时,由于电流负反馈的调节作用,使整流装置的输出电流维持在 $U_{si}/\alpha_i$ 数值上。如出现 $I_d > U_{si}/\alpha_i$ 情况时,自动调节过程为

$$I_d \uparrow \rightarrow \Delta U_i = |-U_i + \alpha_i I_d| \downarrow \rightarrow U_c \downarrow \rightarrow U_d \downarrow \rightarrow I_d \downarrow$$

最终保持电流稳定。当电流下降时,也有类似的调节过程。

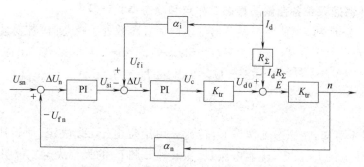

图 5-21　双闭环调速系统稳态框图

（2）以转速调节器 ASR 为核心的转速环。转速环由转速调节器 ASR 和转速负反馈组成闭合回路，通过转速负反馈的作用维持转速稳定，最终消除转速偏差。

$$n = U_{sn}/\alpha_n$$

当 $U_{sn}$ 一定时，由于转速负反馈的调节，转速 $n$ 将稳定在 $n = U_{sn}/\alpha_n$ 数值上。当 $n < U_{sn}/\alpha_n$ 时，其自动调过程为

$$n \downarrow \rightarrow \Delta U_n = (U_{sn} - \alpha_n n) \uparrow \rightarrow |\Delta U_i| \uparrow \rightarrow U_c \uparrow \rightarrow U_d \uparrow \rightarrow n \uparrow$$

最终保持转速稳定。当转速上升时，也有类似的调节过程。

### 5.6.3　双闭环直流调速系统的静特性及稳态参数计算

分析双闭环调速系统静特性的关键是掌握转速 PI 调节器的稳态特征，它有两种状态：饱和——输出达到限幅值，输入量的变化不再影响输出（除非输入信号变极性使转速调节器退饱和），这时转速环相当于开环；不饱和——输出未达到限幅值，通过转速调节器的调节，使输入偏差电压 $\Delta U_n$ 在稳态时为零。

**1. 双闭环调速系统的静特性**

启动时，突加阶跃给定信号 $U_{sn}$，由于机械惯性，转速很小，转速偏差电压 $\Delta U_n$ 很大，转速调节器 ASR 饱和，输出为限幅值 $U_{sim}$ 且不变，转速环相当于开环。在此情况下，电流负反馈环起恒流调节作用，转速线性上升，从而获得极好的下垂特性，如图 5-22 中的 $AB$ 段虚线。

当转速达到给定值且略有超速时，转速环的输入信号变极性，转速调节器退饱和，转速负反馈环起调节作用，使转速保持恒定，即 $n = U_{sn}/\alpha_n$ 保持不变。见图 5-22 中 $n_0 A$ 段虚线。

此时，转速要求电流迅速响应转速 $n$ 的变化，而电流环则要求维持电流不变。这不利于电流对转速变化的响应，有使静特性变软的趋势。但是由于转速是外环，起主导作用，而电流环的作用只相当转速环内部的一种扰动作用而已，只要转速环的开环放大倍数足够大，最终靠 ASR 的积分作用，可消除转速偏差。因此双闭环系统的静特性具有近似理想的"挖土机特性"（见图中实线）。

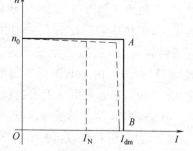

图 5-22　双闭环系统的静态特性

**2. 双闭环调速系统各变量的稳态工作点和稳态参数计算**

当系统的 ASR 和 ACR 两个调节器都不饱和且参数处于稳态时,各变量间的关系为

$$U_{sn} - U_{fn} = U_{sn} - \alpha_n n = 0 \tag{5-18}$$

$$U_{si} - U_{fi} = U_{si} - \alpha_i I_{dL} = 0 \tag{5-19}$$

$$U_c = \frac{U_{d0}}{K_{tr}} \tag{5-20}$$

由上述式子可知,在稳态工作点上,转速 $n$ 由给定电压 $U_{sn}$ 决定,而转速调节器的输出量 $U_{si}$ 由负载电流 $I_{dL}$ 决定,控制电压 $U_c$ 由转速 $n$ 和 $I_d$ 的大小决定。很明显,比例调节器的输出量总是由输入量决定,而比例积分调节器与比例调节器不同,它的输出与输入无关,而是由它后面所接的环节决定。

另外,转速反馈系数和电流反馈系数还可通过下面两式计算。

转速反馈系数 $$\alpha_n = \frac{U_{snm}}{n_{max}} \tag{5-21}$$

电流反馈系数 $$\alpha_i = \frac{U_{sim}}{I_{dm}} \tag{5-22}$$

式中:$U_{snm}$ 和 $U_{sim}$ 是最大转速给定电压及转速调节器的限幅电压。

## 5.6.4 双闭环直流调速系统的启动特性

**1. 双闭环系统的启动过程**

在突加阶跃转速给定信号 $U_{sn}$ 的情况下,由于启动瞬间电动机转速为零,ASR 的输入偏差电压 $\Delta U = U_{sn}$,ASR 饱和,输出限幅值为 $U_{sim}$,ASR 的输出 $U_c$ 及电动机电枢电流 $I_d$ 和转速 $n$ 的动态响应过程可分为三个阶段,如图 5-23 所示。在分析启动过程的阶段时,要抓住以下几个关键:

$I_d > I_{dL}$,$\dfrac{dn}{dt} > 0$,$n$ 升速;

$I_d < I_{dL}$,$\dfrac{dn}{dt} < 0$,$n$ 降速;

$I_d = I_{dL}$,$\dfrac{dn}{dt} = 0$,$n$ 常数。

(1)启动过程的第一个阶段(电流上升阶段)

原因:刚启动时,转速 $n$ 为零,$\Delta U = U_{sn} - U_{fn}$ 为最大,它使速度调节器 ASR 的输出电压 $|-U_{si}|$ 迅速增大,很快达到限幅值 $U_{sim}$,此时,$U_{sim}$ 作为电流环的给定电压,其输出电流迅速上升,当 $I_d = I_{dL}$ 时,$n$ 开始上升,由于电流调节器的调节作用,很快使 $I_{dL} = I_{dM}$,标志着电流上升过程结束。

状态:ASR 迅速达到饱和状态,不再起作用,因电磁时间常数 $T_L$ 小于机电时间常数 $T_M$,$U_{fi}$ 比 $U_{fn}$ 增长快,这使 ACR 的输出不饱和,起主要调节作用。

特征关系:$\alpha_i = U_{si}/I_d$,$U_{sim} \approx \alpha_i I_{dM}$ 为电流闭环的整定依据。

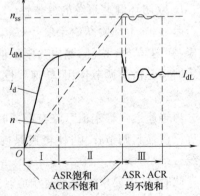

图 5-23 双闭环调速系统的启动特性

关键位置：$I_d = I_{dL}$ 时，$n$ 开始升速；$I_d = I_{dM}$ 时，快速启动开始。

（2）启动过程的第二个阶段（恒流升速）

原因：随着转速上升，电动机反电动势 $E$ 也上升（$E \propto n$），电流将从 $I_{dM}$ 有所回落，但由于电流调节器的无静差调节作用，使得 $I_d = I_{dM}$，即 $I_{dM} = U_{sim}/\alpha_i$，电流保持最大值 $I_{dM}$，转速直线上升，接近理想启动过程。

状态：ASR 保持饱和，ACR 保持线性调节状态，$U_c$ 有调整余量。

特征关系：$|U_{sim}| > U_{si}$，$\Delta U_i = -U_{sim} + \alpha_i I_d < 0$，$U_c$ 线性上升。

关键位置：$n = n_{ss}$，$U_{sn} = U_{fn} = \alpha_n n$。

（3）启动过程的第三个阶段（转速趋于稳定）

原因：随着转速 $n$ 不断上升，当转速 $n = n_{ss}$ 时，$\Delta U_n = U_{sn} - \alpha_n n = 0$，但此时电枢电流仍保持最大值，电动机转速继续上升，从而出现了转速超调现象。

当转速 $n$ 大于 $n_{ss}$ 时，$\Delta U_n = U_{sn} - \alpha_n n < 0$，转速调节器的输入信号反向，输出下降，ASR 退出饱和。经 ASR 的调节，最终使 $n$ 保持在 $n_{ss}$ 数值上，而 ACR 调节使 $I_d = I_{dL}$。

状态：稳态时，ASR 退出饱和，速度环开始调节，$n$ 跟随 $U_{sn}$ 变化；ACR 保持在不饱和状态，$I_d$ 紧密跟随 $U_{si}$ 变化。

特征关系：稳态时，ASR、ACR 调节器输入/输出电压为

$$\Delta U_n = U_{sn} - U_{fn} = U_{sn} - \alpha_n n = 0$$

$$\Delta U_i = -U_{si} + U_{fi} = -U_{si} + \alpha_i I_d = 0$$

$$U_c = \left( \frac{n_{ss}}{K_m} + R_\Sigma I_{dL} \right) \Big/ K_{tr}$$

关键位置：$D$，$dn/dt = 0$，$n$ 为峰值；$E$，$n = n_{ss}$，$I_d = I_{dL}$ 为稳态值。

可以看出，转速调节器在电动机启动过程中第一阶段由不饱和到饱和，第二个阶段处于饱和状态，第三阶段从退出饱和到线性调节状态，而电流调节器始终 Z 处于线性调节状态。

**2. 双闭环调速系统中两个调节器的作用**

（1）电流调节器 ACR 的作用

① 起电流调节作用。启动时，在 ASR 的饱和作用下，通过 ACR 的调节，使电枢电流保持允许的最大值 $I_{dM}$，加快过渡过程，实现快速启动。

通过设置 ASR 的饱和限幅值，依靠 ACR 的调节作用，可限制最大电枢电流 $I_{dM} \leqslant U_{sim}/\alpha_i$。

② 当电网电压波动时，通过 ACR 的调节作用，使电网电压几乎不对转速产生影响。

③ 在电动机过载甚至堵转时，一方面限制过大的电流，起到快速保护作用，另一方面，使转速迅速下降，实现了"挖土机"特性。

（2）转速调节器 ASR 的作用

① 起转速调节作用。使转速 $n$ 跟随给定 $U_{sn}$ 变化。稳态运行时，稳定转速。使转速保持在 $n = U_{sn}/\alpha_n$ 的数值上，无静差。

② 在负载变化（各环节产生扰动）而使转速出现偏差时，靠 ASR 的调节作用来消除

偏差,保持转速恒定。

③ ASR 的输出限幅值决定了系统允许的最大电流,作用于 ACR,以获得较快的动态响应。

### 5.6.5  双闭环直流调速系统的优点

综上所述,可知双闭环直流调速系统具有明显的优点:

(1) 具有良好的静特性(接近理想"挖土机特性");

(2) 具有较好的动态特性,启动时间短(动态响应快),超调量也较小;

(3) 系统抗扰能力强,电流环能较好地克服电网电压波动的影响,而速度功能抑制被它包围的各个环节扰动的影响,并最后消除偏差;

(4) 由两个调节器分别调节电流和转速,这样,可以分别进行设计、调整(先调电流环,再调速度环),调整方便。

由于双闭环直流调速系统的动、静态性能均较好,所以它在冶金、机械、造纸、印刷及印染等许多部门获得很多的应用。

## 小结

1. 直流电动机有三种调速方法:调节电枢电压,减弱励磁磁通,改变电枢回路电阻 $R$。其中调节电枢电压是直流调速系统的主要调速方案。开环 V-M 系统电流连续段的机械特性较硬,电流断续段特性很软。只要主电路电感量足够大,可以近似地只考虑连续段。对于断续特性明显的情况,可以用一段很陡的直线来代替,相当于把总电阻 $R$ 换成一个更大的等效电阻。

2. 转速负反馈有静差系统的机械特性较开环系统硬得多,负载扰动引起的稳态速降减小为原开环系统的 $\frac{1}{(1+K_n)}$。$K_n$ 值越大,稳态速降就越小。

3. 在对静差率和调速范围要求不高的情况下,可采用开环调速系统;在对静差率和调速范围要求较高,开环系统满足不了要求时,可采用转速负反馈的闭环调速系统。在调速要求不太高的场合,为了省去安装测速发电机的麻烦,还可采用电压负反馈加电流补偿控制的调速系统。

4. 有静差调速系统是靠偏差信号的变化进行自动调节的。它只能减小偏差而不能消除偏差。在无静差系统中,由于含有积分环节,则主要靠偏差信号对时间的积累来进行自动调节,依靠积分环节,最后消除静差,所以稳态时偏差为零,依靠积分环节的记忆作用使输出量维持在一定的数值上。比例-积分调节器兼顾了系统的无静差和快速性。系统在调节过程的初、中期,其比例环节起主要作用,使转速快速回复;在调节过程的后期,其积分环节起主要作用,使转速恢复并最后消除静差。

5. 电流截止负反馈环节是在电动机启动或堵转时才起作用,当系统正常运行时是不起作用的。含有电流截止负反馈的调速系统具有"挖土机"特性,可起限流保护作用。

6. 双闭环直流调速系统由转速调节器 ASR 去驱动电流调节器 ACR,再由 ACR 去驱动触发装置。电流环为内环,转速环为外环。电流调节器 ACR 的作用如下。

(1) 起电流调节作用。

① 启动时,在 ASR 的饱和作用下,通过 ACR 的调节,使电枢电流保持允许的最大值 $I_{dM}$,加快过渡过程,实现快速启动。

② 通过设置 ASR 的饱和限幅值,依靠 ACR 的调节作用,可限制最大电枢电流, $I_{dM} \leqslant U_{sim}/\beta$。

(2) 当电网波动时,通过 ACR 的调节,使电网电压的波动几乎不对转速产生影响。

(3) 在电动机过载甚至堵转时,一方面限制过大的电流,起到快速保护作用;另一方面,使转速迅速下降,实现了"挖土机"特性。

7. 转速调节器的作用如下。

(1) 起转速调节作用。

① 使转速 $n$ 跟随给定电压 $U_{sn}$ 变化。

② 稳态运行时,稳定转速。使转速保持在 $n = U_{sn}/\alpha$ 的数值上,无静差。

(2) 在负载变化(或各环节产生扰动)而使转速出现偏差时,靠 ASR 的调节作用来消除转速偏差,保持转速恒定。

(3) ASR 的输出限幅值决定了系统允许的最大电流,作用于 ACR,以获得较快的动态响应。

8. 双闭环调速系统启动过程分为三个阶段,即电流上升阶段,恒流升速阶段,转速调节阶段。从启动时间上看,第二段恒流升速为主要阶段,因此双闭环调速系统基本上实现了在限制最大电流下的快速启动,利用了转速调节器饱和非线性控制的方法,达到准时间最优控制。

9. 直流双闭环调速系统引入转速微分负反馈后,可使突加给定电压启动时转速调节器提早退饱和,从而有效地抑制以至消除转速超调。同时也增强了调速系统的抗扰性能,在负载扰动下的动态速降大大减低,但系统恢复时间有所延长。

# 本章习题

1. 直流电动机有哪几种调速方法? 各有哪些特点?

2. 在电压负反馈单闭环有静差调速系统中,当下列参数变化时系统是否有调节作用? 为什么?

(1)放大器的放大系数 $K_p$;(2)供电电网电压;(3)电枢电阻 $R_d$;(4)电动机励磁电流;(5)电压反馈系数 $\gamma$。

3. 在采用 PI 调节器的单闭环自动调速系统中,调节对象包含有积分环节,突加给定电压后 PI 调节器没有饱和,系统到达稳态前被调量会出现超调吗?

4. 单项选择题。

(1)闭环控制系统是建立在_____基础上,按偏差进行控制的。

　　A. 正反馈　　　　　B. 负反馈

(2)当理想空载转速 $n_0$ 一定时,机械特性越硬,静差率 $s$ _____。

　　　　A. 越小　　　　　B. 越大　　　　　　C. 不变　　　D. 可以任意确定

（3）当系统的机械特性硬度一定时，如要求的静差率 $s$ 越小，调速范围 $D$ _____。

　　　　A. 越小　　　　　B. 越大　　　　　　C. 不变　　　D. 可大可小

（4）当输入电压相同时，积分调节器的积分时间常数越大，则输出电压上升斜率_____。

　　　　A. 越小　　　　　B. 越大　　　　　　C. 不变　　　D. 可大可小

（5）转速负反馈无静差（模拟量）调速系统中，转速调节器常采用_____。

　　　　A. 比例　　　　　B. 比例-积分　　　　C. 微分　　　D. 比例-积分-微分

（6）在转速负反馈调速系统中，闭环系统的静态转速降为开环系统静态转速降的_____倍。

　　　　A. $1+K$　　　　B. $1+2K$　　　　　C. $1/(2+K)$　　D. $1/(1+K)$

（7）转速负反馈调速系统对检测反馈元件和放大器参数造成的转速扰动_____补偿能力。

　　　　A. 没有　　　　　　　　　　　　　　　B. 有

　　　　C. 对前者有，后者无　　　　　　　　　D. 对前者无，后者有

（8）速度电流双闭环调速系统，在突加给定电压启动过程的第一、二阶段，速度调节器处于_____状态。

　　　　A. 调节　　　　　B. 截止　　　　　　C. 饱和

（9）在转速电流双闭环调速系统中，如果使主回路允许最大电流值减小，应使_____。

　　　　A. 转速调节器输出电压限幅值增加　　　B. 电流调节器输出电压限幅值增加

　　　　C. 转速调节器输出电压限幅值减小　　　D. 电流调节器输出电压限幅值减小

（10）逻辑无环流可逆调速系统中，当转矩极性信号改变极性，并有_____时，逻辑电路才允许进行切换。

　　　　A. 零电流信号　　B. 零给定信号　　　　C. 零转速信号

5. 判断题。

（1）当系统机械特性硬度相同时，理想空载转速越低，静差率越小。　　　　（　　）

（2）如果系统低速时的静差率能满足要求，则高速时静差率肯定满足要求。　（　　）

（3）电流正反馈是一种对系统扰动量进行补偿控制的方法。　　　　　　　　（　　）

（4）电压负反馈调速系统的调速精度要比转速负反馈的调速精度好。　　　　（　　）

（5）采用电压负反馈的调速系统不能补偿电动机电枢电阻引起的转速降。　　（　　）

（6）双闭环调速系统在突加负载时，主要靠电流调节器的调节作用消除转速的偏差。

　　　　　　　　　　　　　　　　　　　　　　　　　　　　　　　　　　　（　　）

（7）要改变直流电动机的转向，可以同时改变电枢电压和励磁电压的极性。　（　　）

（8）在转速电流双闭环调速系统中，转速调节器的输出电压是电流调节器的给定电压。　　　　　　　　　　　　　　　　　　　　　　　　　　　　　　　　（　　）

（9）在设计转速电流双闭环时，一般先设计电流环，再设计转速环。　　　　（　　）

（10）在电枢反并联可逆系统中，当电动机反向运行时，正组晶闸管处于待逆变状态。

　　　　　　　　　　　　　　　　　　　　　　　　　　　　　　　　　　　（　　）

6. 当闭环系统的开环放大倍数为 10 时,额定负载下的转速降为 15r/min,如果开环放大系数提高为 20,系统的转速降为多少? 在同样的静差率要求下,调速范围可以扩大多少倍?

7. 双闭环系统的最大给定电压 $U_{sim}$,速度调节器的限幅值 $U_{sim}$ 和电流调节器的限幅值 $U_{cm}$ 均为 8V。电动机额定电压 $U_N = 220V$,额定电流 $I_N = 20A$,额定转速 $n_N = 1000r/min$。电路回路总电阻 $R = 1\Omega$,电枢回路最大允许电流 $I_{dM} = 40A$,触发整流装置放大系数 $K_{tr} = 40$,ASR 和 ACR 均为 PI 调节器。试求:

(1) 电流反馈系数 $\alpha_i$ 及速度反馈系数 $\alpha_n$;

(2) 电动机在最高速发生堵转时,计算 $U_{d0}$、$U_c$、$U_{fi}$ 和 $U_{si}$。

8. 图 5-24 中为 KZD-Ⅱ型直流调速系统线路图。试分析:

(1) 给定电压和放大环节的放大系数是通过调节哪些元件来改变它们的大小?

(2) 电路中含有哪些反馈量? 是如何实现的?

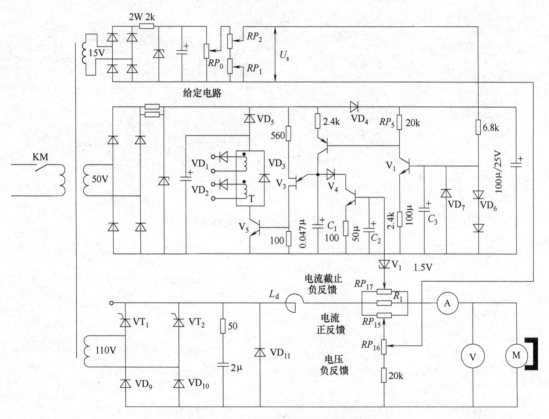

图 5-24　KZD-Ⅱ型直流调速系统线路图

9. 图 5-25 是一个中、小功率不可逆调速系统典型线路。过电压过电流保护和电控器线路以及仪表控制电源等均未画出。读图并回答下列问题。

(1) 该系统有哪些反馈量? 采用何种检测器件及线路?

(2) 图中两个由运算放大器组成的调节器为何种形式的调节器? 给定滤波、反馈滤波由哪部分线路实现(注:为了适应各种具体工艺要求,两个调节器输入部分设计有给定滤波、反馈滤波和微分反馈电路)?

（3）分析说明图中各个电位器的作用,它们影响系统的哪些参数?

（4）图中有继电器 K 的一个常闭触头和一个常开触头,试说明这两个触头的作用。若系统工作于某一稳定转速状态突然给出停车控制信号,继电器 K 线圈失电,触头释放。试定性地分析系统的停车过程(两个调节器输出电压、反馈电压、主电路整流电压的变化过程)。

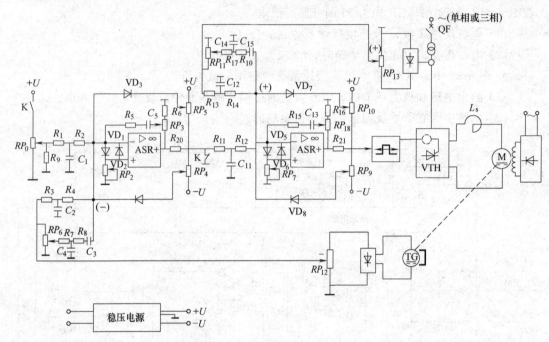

图 5-25　调速系统典型线路图

# 晶闸管可逆直流调速系统

**引言**

在前面项目中主要学习了不可逆调速系统,在实际的生产生活中往往需要可逆调速系统。本项目中介绍实现可逆直流调速的几种形式,对有可能在可逆电路中出现的环流进行了分析,还介绍可控环流可逆调速系统和逻辑无环流调速系统。

## 任务 6.1 可逆直流调速电路的几种形式

**【任务引入】**

由于晶闸管的单向导电性,它只能为电动机提供单一方向的电流,因此前面讨论的晶闸管直流调速系统都是不可逆调速系统。它仅适用于不要求改变电动机旋转方向(或不要求经常改变电动机的转向),同时对停车的快速性又无特殊要求的生产机械,如造纸机、车床、镗床等。但是在生产中,有些生产机械往往要求电动机能经常正反转,在减速和停车时要有制动作用,以缩短制动时间。例如,初轧机的主传动和辅助传动,龙门刨床,起重机,提升机,电梯等生产机械,就要求电动机能迅速地制动,并能快速正反转。对于这些电力拖动,必须采用可逆调速系统。

此外,采用可逆调速系统,在制动时,除了缩短制动时间外,还能将拖动系统的机械能转换成电能回送电网,特别是大功率的电力拖动系统,可以节约大量能量。

下面来介绍可逆调速电路常用的几种形式。

> **想一想**:根据以前学过的知识,你能不能想出实现可逆调速的方法呢?

**【学习目标】**

(1) 掌握实现可逆运行的几种方法。

(2) 了解电枢可逆与磁场可逆的不同之处。

(3) 了解可逆拖动的几种工作状态。

(4) 能够看懂可逆直流调速系统的原理图。

**【任务分析】**

采用一般的控制系统的分析方法(包括系统组成、几种工作状态)对晶闸管可逆直流调速系统进行分析。

## 6.1.1 实现可逆运行的几种方法

由电动机工作原理可知,要改变电动机的转向,必须改变电动机产生转矩的方向。由电动机的转矩 $T_e = K_T \Phi I_d$ 可见,改变电动机转矩的方向有两种方法:一是改变电枢电流 $I_d$ 的方向,即需改变励磁电流的方向,则需改变励磁电压的极性;二是改变电动机励磁磁通 $\Phi$ 的方向,亦即改变电动机磁场电流的方向,也就是改变励磁电压的极性。与这两种方法相适应,晶闸管可逆调速电路也有两种形式:一是电枢可逆电路,二是磁场可逆电路。

### 1. 电枢可逆电路

(1) 接触器切换的可逆电路

由图 6-1(a)可见,当正向接触器 KMF 触点吸合时,电动机正转;当反向接触器 KMF 触点吸合时,电动机反转。但接触器的切换要在当主电路电流几乎为零时才能运行,这要由控制电路的逻辑关系来保证。这种可逆电路比较简单经济,但是由正向接触器打开到反向接触器闭合,需要 0.2~0.5 s,这段时间内电动机脱离电源,电动机转矩为零,称为"死区",它使反转过程延缓。另外,接触器的噪声较大,触头寿命较短,这种电路只适用于要求不高,动作不频繁的小容量电力拖动系统中,如车床、磨床等。

(2) 晶闸管切换的可逆电路

由图 6-1(b)可见,当 $VT_1$ 和 $VT_2$ 导通时($VT_3$ 和 $VT_4$ 关断),电动机正转;反之,$VT_3$ 和 $VT_4$ 导通时($VT_1$ 和 $VT_2$ 关断),电动机反转。这种电路比较简单,工作可靠性较高,调整维护方便,适用于几十千瓦以下的中小功率可逆传动。但是作为开关的 4 只晶闸管的耐压和电流容量的要求比较高,与下面讨论的两组晶闸管整流装置反并联供电的可逆电路比较,在经济上并不节省。

(3) 正反两组晶闸管整流装置反并联供电的电枢可逆电路

由图 6-1(c)可见,VF 为正向整流装置,它对电动机提供正向电流;VR 为反向整流装置,它对电动机提供反向电流。若对正反两组整流装置采用某种方式的控制(如让正、反两组交替工作),就可以实现电动机的可逆运行。

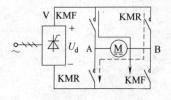 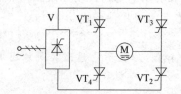 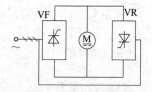

(a) 接触器切换的可逆电路　　(b) 晶闸管切换的可逆电路　　(c) 正反两组晶闸管整流装置反并联供电的电枢可逆电路

图 6-1　电枢可逆电路

由正反两组晶闸管整流装置反并联供电的电枢可逆电路,具有切换速度快、控制灵活的优点。所以在要求频繁、快速正反转的生产机械电力拖动中获得广泛应用,它是可逆调速系统中的主要形式。

### 2. 磁场可逆电路

在采用磁场可逆电路的可逆调速系统中,电动机的电枢回路仍采用一组晶闸管整流装置供电,而电动机励磁回路则采用可逆供电电路,通过改变励磁电流的方向,实现电动机的可逆运行。磁场可逆电路的形式与电枢可逆电路的形式相同,在图 6-1 中,若将电枢换成励磁绕组即为磁场可逆电路。

### 3. 电枢可逆方案与磁场可逆方案的比较

电枢可逆方案是改变电枢电路中电流的方向,由于电枢回路电感小,时间常数小(几十毫秒),反向过程进行快,因此适用于频繁启动、制动和要求过渡过程尽量短的生产机械上,例如可逆轧机的主、副传动,龙门刨床刨台的拖动等。但这种方案需要两套较大的用于主回路的晶闸管整流装置,投资往往较大,特别是大容量可逆系统尤为突出。在磁场可逆系统中,主回路只用一套晶闸管整流装置,励磁回路用两套晶闸管整流装置。由于电动机的励磁回路较小(一般为 1%~5% 额定功率),其设备容量比电枢可逆方案小得多,比较经济。但是由于电动机励磁回路电感比较大,时间常数大(零点几秒到几秒),因此这种系统反向过程比较慢。在磁场采用强励之后(强迫励磁在短时间内加到 4~5 倍,甚至十几倍的额定电压),快速性可以得到一定的补偿,但其切换时间仍在几百毫秒以上。还必须指出,磁场可逆方案在电动机反转过程中,当励磁电流 $i_f$ 和磁通 $\Phi$ 反向过零时,应使电动机电枢供电电压 $U_d$ 为零,以防止电动机在反转过程中产生"超速"(又称"飞车")现象。这更增加了反向过程的死区,也增加了控制系统逻辑关系的复杂性。因此,磁场可逆方案应用较少,只是用于正反转不太频繁的大容量可逆传动中,例如卷扬机、电力机车等。

## 6.1.2　可逆拖动的 4 种工作状态

由一组晶闸管装置供电的直流电动机系统,控制角 $\alpha < 90°$ 时,晶闸管装置处于整流状态,输出电压为正,电动机正向运行,把电能转换成机械能;当 $\alpha > 90°$ 时,晶闸管装置处于逆变状态,输出电压为负,因受晶闸管单向导电性的限制,电流不能反向,那么在电动机制动时,就不能把能量回馈电网。

采用两组晶闸管装置供电的可逆系统,正组 VF 处在整流状态时,电动机工作在正转电动状态。在电动机正向制动时,可让反组 VR 处于逆变状态,当其逆变电压 $U_d$ 小于电动机反电动势 $E$ 时,则可通过 VR 将电动机旋转的机械能回馈电网,这种制动方式称为回馈制动。回馈制动可以节约大量能量,特别是对大功率的拖动系统,即使是不可逆运行,为了实现回馈制动,也需采用可逆电路。可逆系统有以下 4 种工作状态。

### 1. 正向运行

正组 VF 处于整流状态($\alpha_F < 90°$),反组 VR 处于阻断状态,整流电压 $U_{dF}$ 大于电动机的反电动势 $E$,电流 $I_d$ 按 $U_{dF}$ 的方向流动,电能转换成机械能,电动机工作在正转电动状态,如图 6-2(a)所示。

### 2. 正向制动

如果电动机由正转电动状态进行制动,可让正组 VF 处于阻断状态,而让反组 VR 处于逆变状态$(\alpha_R < 90°)$,且使逆变电压$U_{dR}$小于电动机的反电动势$E$,电流$I_d$按$E$的方向流动,把制动过程的机械能回馈电网,如图 6-2(b)所示。

**3. 反向运行**

电动机的反向运行与正向运行类似,只是两组晶闸管装置的工作状态互相交换,正组VF 处于阻断状态,反组 VR 处于整流状态,如图 6-2(c)所示。

**4. 反向制动**

如果电动机由反转电动状态进行制动,则让反组 VR 阻断,让正组 VF 处于逆变状态,制动过程的机械能通过正组 VF 回馈电网,如图 6-2(d)所示。

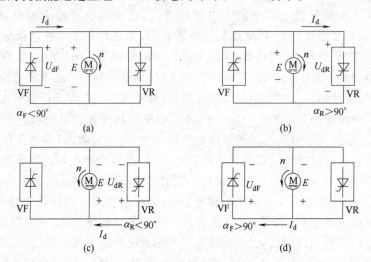

图 6-2　可逆系统的 4 种工作状态

# 任务 6.2　可逆系统中的环流

**【任务引入】**

采用两组晶闸管装置供电的可逆系统,存在着环流问题。在这样的可逆系统中,对环流采取不同的控制方法加以限制,就构成了各种可逆调速系统。那么,环流是如何产生的呢?

**【学习目标】**

(1)掌握环流产生的原因。

(2)理解环流存在的利与弊。

(3)了解环流的种类。

(4)了解环流的控制方法。

**【任务分析】**

从环流的定义入手,分析环流产生的原因、存在的利弊、存在的形式以及控制环流的方法。

环流的概念、存在形式及控制方法。

**1. 环流的定义**

环流是指不经过电动机或其他负载,而在两组晶闸管装置中流通的短路的电流。

**2. 环流的优缺点**

(1) 优点:在保证晶闸管安全工作的前提下,适度的环流能使晶闸管-电动机系统在空载或轻载时保持电流连续,避免电路断续对系统静、动态性能的影响;可逆系统中少量环流,可以保证电流无换向死区,加快过渡过程。

(2) 缺点:环流的存在会显著地加重晶闸管和变压器的负担,消耗无功功率,环流太大时甚至会损坏晶闸管,为此必须予以抑制。

在实际的系统中要充分地利用环流的有利面而避免其不利面。

**3. 环流的种类**

环流可以分为以下两大类。

(1) 静态环流:当晶闸管装置在一定的控制角下稳定工作时,可逆电路中出现的环流叫静态环流。静态环流又可以分为直流平均环流和瞬时脉动环流。由于两组晶闸管之间存在正向直流电压差而产生的环流称为直流平均环流。由于整流电压和逆变电压瞬时值不相等而产生的环流称为瞬时脉动环流。

(2) 动态环流:系统稳态运行时并不存在环流,只在系统处于过渡过程中出现环流,叫作动态环流。

这里仅对系统影响较大的静态环流作定性分析。

**4. 直流平均环流**

(1) 直流平均环流产生的原因

图 6-3(a)所示,如果正组 VF 和反组 VR 均处于整流状态,即 $\alpha_F < 90°$,$\alpha_R < 90°$,这样输出电压 $U_{dF}$ 和 $U_{dR}$ 形成顺极性串联,这将在两组晶闸管装置中产生很大的短路电流,足以烧坏晶闸管,这是绝不允许的。所以两组晶闸管装置组成的可逆系统,不能同时处于整流状态。

如果正组 VF 处于整流状态,即 $\alpha_F < 90°$,让反组 VR 处于逆变状态,$\alpha_R > 90°$,则整流装置输出电压的极性如图 6-3(b)所示。这时如果 $U_{dF} > U_{dR}$,两组晶闸管装置之间存在直流电压 $\Delta U_d = U_{dF} - U_{dR}$,由于回路直流电阻很小,将在两组晶闸管装置之间引起很大的环流,这种由两组晶闸管装置之间直流电压差引起的环流,称为直流环流。

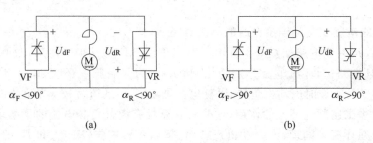

图 6-3　环流的产生

**想一想**：你有什么方法可以消除直流平均环流？

（2）消除直流平均环流的措施

如果 $U_{dF} \leqslant U_{dR}$，则直流电压差 $\Delta U_d = U_{dF} - U_{dR} \leqslant 0$，受晶闸管单向导电性的限制，直流环流等于零。对于三相全控桥，$U_{dF} \leqslant 2.34u_2\cos\alpha_F$，$U_{dR} \leqslant 2.34u_2\cos\beta_R$，所以有

$$\cos\alpha_F \leqslant \cos\beta_R$$

即
$$\alpha_F \geqslant \beta_R \tag{6-1}$$

如果两组晶闸管装置的控制角满足式（6-1），则两组晶闸管装置之间的直流电压差小于或等于零，直流环流为零。这种控制方式称为配合控制，典型的配合控制是使 $\alpha_F = \beta_R$，又称为 $\alpha = \beta$ 工作制。该工作制能限制可逆系统的直流平均环流。

**5. 脉动环流**

（1）脉动环流产生的原因

采用 $\alpha = \beta$ 工作制后，正反两组晶闸管装置的直流电压差等于零，但由于两组晶闸管装置的输出电压是脉动的，并不能保证瞬时正向电压差为零，因此由瞬时正向电压差也会引起不流经负载的环流，瞬时电压差引起的环流称为脉动环流。脉动环流不一定连续，环流的幅值也不一样。反并联电路在 $\alpha = \beta = 60°$ 时，环流电压幅值最大；而交叉连接电路在 $\alpha = \beta = 90°$ 时，环流电压幅值最大。

图 6-4 为三相桥式反并联电路在 $\alpha = \beta = 60°$ 时的环流波形。由于两组晶闸管整流装置输出电压的瞬时值不同，从而产生了平均值不为零的交流环流电压 $\Delta U_d$，环流电压的频率为电源电压频率的 3 倍，在这个电压作用下，产生了环流电流 $I_c$，但由于晶闸管的单向导电性，因此环流电流是脉动的，存在直流分量。

另外，当三相桥式交叉连接电路在 $\alpha = \beta = 90°$ 时，环流电压频率为电源电压频率的 6 倍。

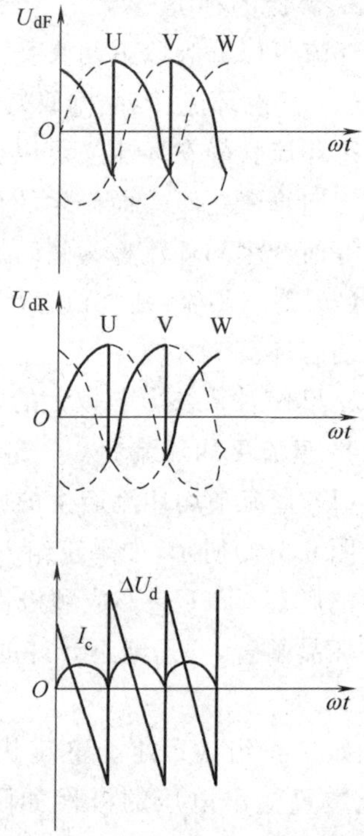

（2）消除脉动环流的措施

抑制瞬时脉动环流的办法是在环流回路中串入电抗器，叫作环流电抗器或平衡电抗器。

图 6-4　脉动环流的电压电流波形

**6. 反并联电路和交叉连接电路的环流路径**

三相桥式反并联电路如图 6-5 所示。由于正组 VF 和反组 VR 采用同一交流电源，形成了两条环流路径，环流电流分别为 $I_{c1}$ 和 $I_{c2}$。为限制脉动环流，串入 4 个平衡电抗器，因为正组 VF 工作时电动机正转，平衡电抗器 $L_{c1}$ 和 $L_{c3}$ 流过较大的负载电流，电抗器铁心饱和，失去限制脉动环流的作用，这时只有靠没有流过负载电流的平衡电抗器 $L_{c2}$ 和 $L_{c4}$ 来限制脉动环流。同理，当电动机反转时，反组 VR 工作，靠 $L_{c1}$ 和 $L_{c3}$ 来限制脉动环流。这样，反并联电路为限制脉动环流就需要 4 个平衡电抗器。

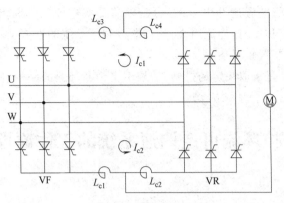

图 6-5　反并联电路

三相桥式交叉连接电路如图 6-6 所示,由于正组 VF 和反组 VR 的交流电源是相互独立的,所以只有一条环流路径,环流电流为 $I_c$,这样,为限制脉动环流只需两个平衡电抗器就够了。

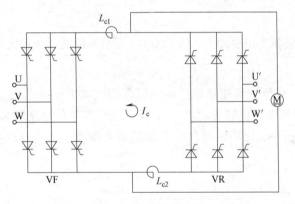

图 6-6　交叉连接电路

反并联电路与交叉连接电路相比,各有优缺点。反并联电路只需一个交流电源,有两条环流路径,需要 4 个限制脉动环流的电抗器;而交叉连接电路,需要两个独立的交流电源,只有一条环流路径,只需两个限制脉动环流的电抗器,而且交叉连接电路采用两个独立的交流电源,避免了两组晶闸管装置的相互干扰,提高了系统的可靠性。

### 7. 控制环流的方法

环流的存在有利有弊。如果有适当大小的环流作为晶闸管装置的基本负载,可以使晶闸管装置避开电流断续区,使系统过渡过程进行得比较平稳与迅速,工作状态的转换几乎没有死区,这是环流存在的优点;但环流的存在加重了晶闸管装置和变压器负担,消耗功率,是很大的浪费。根据对环流的处理方法不同,可以构成有环流可逆系统和无环流可逆系统。

有环流可逆系统分为自然环流可逆系统和可控环流可逆系统。自然环流可逆系统是指采用 $\alpha=\beta$ 工作制,限制了直流环流,加平衡电抗器把脉动环流的平均值限制在额定负载电流的 5%～10% 以内;可控环流可逆系统是当负载电流很小时,有适当的直流环流存在于系统中,使晶闸管装置避开电流断续区,随着负载电流的不断增大,环流逐渐减小,当负载电流达到一定程度时,环流消失,这样既改善了系统的性能又不用增加晶闸管和变压器的容量,但控制装置较复杂。

无环流可逆系统是采取一定的措施,从根本上切断环流的路径,使系统既无直流环流也无脉动环流。

# 任务 6.3    可控环流可逆调速系统的工作原理

**【任务引入】**

既然环流的存在是有利的,那么在控制系统中是否能够充分利用这一点呢?

**【学习目标】**

(1) 了解可控环流可逆调速系统的组成。

(2) 能够阐述可控环流系统的工作原理。

**【任务分析】**

通过对系统组成和工作原理两方面的分析,来学习控制系统环流的大小和有无,扬环流之长而避其之短。

图 6-7 是可控环流可逆调速系统的电路原理图。其工作特点是,当负载电流很小或为零时,让环流给定环节提供较大的环流,保证晶闸管装置的电流连续。随着负载电流的增加,利用环流控制环节,让环流随负载电流的增大而减小。当负载电流达到连续状态时,让环流完全消失。

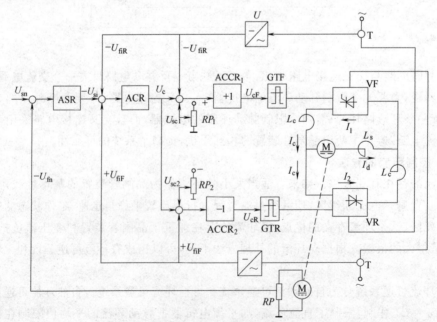

图 6-7    可控环流可逆调速系统电路原理图

### 6.3.1　可控环流可逆调速系统的基本组成

**1. 主电路**

主电路采用交叉连接形式,串有两个限制脉动环流的平衡电抗器。

**2. 控制电路**

控制电路是典型的转速电流双闭环系统。增设了环流给定环节以提供环流给定电压 $U_{sc}$;增设了两个环流调节器 $ACCR_1$ 和 $ACCR_2$,实现不同转向下环流大小的自动调节。同时,电流调节器的输入端接有两个电流反馈信号 $U_{fiF}$ 和 $U_{fiR}$,它们分别由正反两组晶闸管装置的交流侧取得。$ACCR_1$ 和 $ACCR_2$ 均为比例调节器,$ACCR_1$ 的比例系数为 $+1$,$ACCR_2$ 的比例系数为 $-1$。环流调节器的输入端有三个输入信号,第一个是电流调节器的输出信号 $U_c$,第二个是环流给定信号 $U_{sc1}$ 和 $U_{sc2}$,第三个是交叉电流反馈信号 $U_{fiF}$ 和 $U_{fiR}$。反组的电流反馈信号 $U_{fiR}$ 加到正组环流调节器的输入端,而正组的电流反馈信号 $U_{fiF}$ 加到反组环流调节器的输入端。

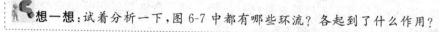 **想一想**:试着分析一下,图 6-7 中都有哪些环流? 各起到了什么作用?

### 6.3.2　可控环流可逆调速系统的工作原理

(1) 当 $U_c = 0$ 时,环流给定电压 $+U_{sc1}$ 和 $-U_{sc2}$ 始终加在环流调节器 $ACCR_1$ 和 $ACCR_2$ 的输入端,正组和反组触发器的移相信号 $U_{cF}$ 和 $U_{cR}$ 均为正值,因而使正反两组晶闸管装置的控制角都稍小于 $90°$,正组 VF 和反组 VR 均处于微导通的整流状态,输出相等的直流环流,此时电动机的电枢电压及电枢电流均为零。调节环流给定电压,使直流环流和脉动环流的平均值为电动机额定电流的 $5\% \sim 10\%$。

(2) 设电动机处在正转运行状态,正组 VF 工作在整流状态,反组 VR 处于待逆变状态。这时,流过正组 VF 的电流 $I_1$,为电枢电流 $I_d$ 和环流 $I_c$ 之和,即

$$I_1 = I_d + I_c \tag{6-2}$$

而流过反组的电流为

$$I_2 = I_c \tag{6-3}$$

设正反两组的电流反馈系数均为 $\alpha$,此时总的电流反馈信号为

$$U_{fi} = U_{fiF} - U_{fiR} = \alpha_i I_1 - \alpha_i I_2 = \alpha_i (I_d + I_c) - \alpha_i I_c = \alpha_i I_d \tag{6-4}$$

所以,电流反馈信号反映了电动机负载电流 $I_d$ 的大小和极性。

电流调节器的输入信号 $U_{si}$(即转速调节器的输出信号)与电流反馈信号 $U_{fi}$ 进行比较,加在电流调节器的输入端,对主电路电流进行调节,加在环流调节器 $ACCR_1$ 输入端的环流给定信号 $+U_{sc1}$ 和交叉电流反馈信号 $U_{fiR}$ 对这个调节过程影响极小,因此正组 VF 工作在电动机负载电流调节状态。与此同时,反组 VR 工作在环流调节状态,在反组环流调节器 $ACCR_2$ 的输入端除保持系统基本工作状态的 $U_c$ 外,还有环流给定信号 $-U_{sc2}$ 和交叉电流反馈信号 $+U_{fiF}$,这样 $U_c$ 的作用是使反组 VR 的逆变角等于正组 VF 的整流角(即 $\alpha = \beta$),保证系统无直流环流,而 $-U_{sc2}$ 和 $+U_{fiF}$ 的作用是,当负载电流为零时,$+U_{fiF} = 0$,环流调节器 $ACCR_2$ 只输入 $-U_{sc2}$,它使反组 VR 处在微整流状态,有直流环流

流过两组晶闸管装置。随着负载电流的不断增大，$+U_{fiF}$增大，$-U_{sc2}$的作用逐渐减小，直流环流逐渐减小。当负载电流达到一定程度时，$-U_{sc2}$的作用完全被$+U_{fiF}$抵消，直流环流消失，实现了对直流环流的控制。

由以上分析可知，可控环流系统充分利用了环流有利的一面，避开了电流断续区，使系统在正反向过渡过程中没有死区，提高了快速性；同时又克服了环流不利的一面，减小了环流的损耗。所以在各种对快速性能要求较高的可逆调速系统中得到了日益广泛的应用。

# 任务6.4　逻辑无环流可逆调速系统

## 【任务引入】

有环流可逆调速系统虽然具有反向快、过渡过程平滑的优点，但同时增加了系统的体积、成本和损耗。因此，当生产工艺过程对系统过渡特性的平滑性要求不是很高时，特别是对大容量系统，常采用无环流可逆调速系统。

## 【学习目标】

（1）了解逻辑无环流可逆调速流系统的几个组成环节的工作原理。

（2）能够阐述逻辑无环流系统的工作原理。

## 【任务分析】

从系统的组成着手分析系统的各环节的基本组成及工作原理。

逻辑无环流可逆调速系统是当一组晶闸管装置工作时，用逻辑电路封锁另一组晶闸管装置的触发脉冲，使它完全处于阻断状态，从根本上切断了产生环流的通路。

图6-8是逻辑无环流可逆调速系统的电路原理图。主电路采用反并联连接，由于没有环流，可省去平衡电抗器。为保证系统正常运行时不发生电流断续的现象，电枢回路仍串有平波电抗器$L_s$。控制电路是典型的转速电流双闭环系统，设有转速调节器ASR和两个电流调节器$ACR_1$和$ACR_2$转速调节器ASR的输出为$-U_{si}$，一路接在电流调节器$ACR_1$上，用来控制正组VF的触发装置；另一路经反相器接在电流调节器$ACR_2$上，用来控制反组VR的触发装置。系统采用$\alpha = \beta$工作制，零位整定为$\alpha_0 = \beta_0 = 90°$。利用逻辑装置LC，对正反两组触发装置进行移相脉冲的释放和封锁控制，从而实现无环流。以下重点介绍逻辑装置LC的基本工作原理。

### 1. 逻辑装置的基本组成环节

逻辑装置的任务是根据系统的工作情况，正确地发出逻辑指令，送到相应的触发电路。当电动机正转时，释放正组脉冲，封锁反组脉冲；而当电动机反转时，封锁正组脉冲，释放反组脉冲。但是根据什么信息来指挥逻辑装置的动作呢？即满足什么条件，系统才能进行正反两组晶闸管装置的切换呢？

当系统的运行状态要求电动机产生正向电磁转矩，即要求电枢电流为正时，逻辑装置应释放正组触发器的脉冲，去触发正组晶闸管装置，使电动机正转，同时应封锁反组触发

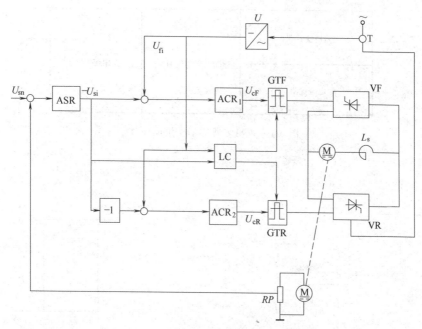

图 6-8  逻辑无环流可逆调速系统原理图

器的脉冲,使反组晶闸管装置不工作。相反,当要求电动机产生反向电磁转矩,即要求电枢电流为负时,逻辑装置要能进行正确的切换,将正组触发脉冲封锁,反组触发脉冲释放。所以电动机电枢电流的极性,反映系统运行状态的需要,显然是系统切换的必要条件。而系统中转速调节器的输出,即电流给定信号 $U_{si}$,可以反映电枢电流的大小和极性,故逻辑装置应首先对电流给定信号 $U_{si}$ 进行极性鉴别,以决定应该释放哪一组脉冲,封锁哪一组脉冲,也就是说,$U_{si}$ 可以作为逻辑装置的一个驱动信号。

电流给定信号 $U_{si}$ 极性的变化,是系统切换的必要条件,但并非充分条件。$U_{si}$ 的极性变化只是制动过程的开始,在实际负载电流过零之前,正组的触发脉冲不能封锁,以保证实现本桥逆变。如果强行封锁正组脉冲,势必造成逆变颠覆,引起严重后果,这是绝对不允许的。所以,只有当实际负载电流真正过零以后,逻辑装置才能发出切换指令,即负载电流过零是逻辑装置切换的充分条件。电流反馈信号 $U_{fi}$ 可以正确反映负载电流的有无,即 $U_{fi}$ 可以作为逻辑装置的另一个驱动信号。

这样,逻辑装置的输入信号应为 $U_{si}$ 和 $U_{fi}$。$U_{si}$ 经电流极性鉴别环节(或称为转矩极性鉴别),而 $U_{fi}$ 经过零电流检测环节,均转换成逻辑量"0"或"1",经过必要的逻辑判断,即可发出切换指令。逻辑装置的输出是两个相反的开关信号 $U_{C1}$ 和 $U_{C2}$,分别送到正、反组触发电路,用来控制正、反组晶闸管装置。当开关信号为高电平"1"时,释放触发器的脉冲;而开关信号为低电平"0"时,封锁触发器的脉冲。逻辑装置的基本组成环节如图 6-9 所示。

**2. 各环节的基本工作原理**

(1)电流极性鉴别环节

电流极性鉴别环节原理图如图 6-10(a)所示,其功能是将电流给定信号 $U_{si}$ 的正负转

图 6-9　逻辑装置的基本组成环节

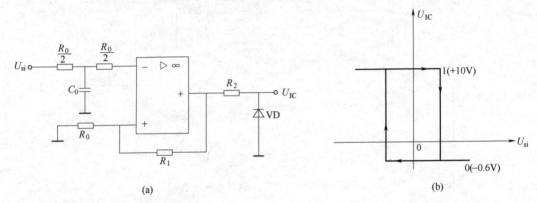

图 6-10　电流极性鉴别环节

换成以逻辑量"1"和"0"表示的转矩极性信号 $U_{IC}$。该环节由带正反馈的运算放大器组成。带正反馈的运算放大器具有继电器特性,如图 6-10(b)所示。当 $U_{si}$ 为负时,$U_{IC}$ 为高电平＋10V,记作"1";当 $U_{si}$ 为正时,$U_{IC}$ 为限幅二极管 VD 的管压降－0.6V,记作"0"。可见电流极性信号 $U_{IC}$ 为"1"表示正向转矩,$U_{IC}$ 为"0"表示反向转矩。

　　(2) 零电流检测环节

　　零电流检测环节的功能是将电枢电流 $I_d$ 的有无转换成以逻辑量"0"和"1"表示的零电流信号 $U_{IO}$,其原理图如图 6-11(a)所示。它是在图 6-10(a)电路图的基础上在运算放大器反相端附加一个负偏移电压－$U_P$,因此相应的输入/输出特性曲线出现了右移的结果,如图 6-11(b)所示。当 $U_{fi}$ 等于零时,$U_{IO}$ 为高电平＋10V,记作"1";当 $U_{fi}$ 不为零时,$U_{IO}$ 为低电平－0.6V,记作"0"。可见零电流信号 $U_{IO}$ 为"1"表示电流为零;$U_{IO}$ 为"0"表示电流不为零。

　　采用一定环宽的继电器输入/输出特性可以提高电路的抗干扰能力。在可逆系统中环宽一般取 0.2～0.3V,且可通过反馈电阻 $R_1$ 进行调试。回环不宜过宽或过窄,回环过宽翻转迟缓容易引起振荡,回环过窄会降低抗干扰能力。

　　(3) 逻辑判断环节

　　逻辑判断环节的任务是对上述两个检测环节输出的逻辑量 $U_{IC}$ 与 $U_{IO}$ 进行逻辑运算,并判断是否需要进行切换及切换条件是否具备,当需要进行切换且条件满足时,发出逻辑切换指令 $U'_{C1}$ 与 $U'_{C2}$,或封锁正组触发器,或封锁反组触发器。

　　根据可逆系统电动机各种运行状态(正反向起动、运行、制动)的情况,可以得出逻辑判断环节输入信号 $U_{IC}$ 和 $U_{IO}$ 与输出信号 $U'_{C1}$ 与 $U'_{C2}$ 之间的逻辑关系及其逻辑电路。

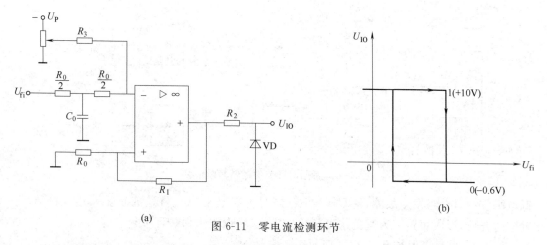

图 6-11  零电流检测环节

为了使逻辑电路具有较强的抗干扰能力,常采用 HTC 组件的与非门电路,如图6-12 所示。

(4) 延时环节

为保证正反两组晶闸管装置之间的安全切换,必须对逻辑判断电路发出的切换指令进行延时处理,才能执行切换指令,即经过"关断等待时间"$t_1$ 才能关断原导通组的触发脉冲,再经过"导通等待时间"$t_2$,才能触发应该开放组的触发脉冲。$t_1$ 的作用是,确保原开放组的电流已断续,防止系统在切换过程中发生逆变颠覆;$t_2$ 的作用是,确保原来导通组的晶闸管真正关断后,再触发另一组晶闸管使之导通,不致造成两组晶闸管装置同时导通,发生电源短路事故。工程上,关断等待时间一般为 2ms,导通等待时间一般为 1ms。用与非门组成的逻辑判断电路,在与非门的输入端接入二极管和电容器,可以达到延时目的。

图 6-13 所示,与非门的控制规律是,当输入有"0"时,输出为"1";输入全为"1"时,输出为"0"。因此,输入信号由"1"变"0"时,二极管直接导通,输出照常翻转;如果输入信号由"0"变"1",由于二极管的阻挡,$A$ 点电位不能立即升高,经过元器件内部电路对电容器充电,直到 $A$ 点电位升到开门电平时,输出才有可能翻转,这样就达到了延时的目的。图 6-14 所示是带有延时环节的逻辑判断电路,其中 $C_1$ 和 $VD_1$ 为关断延时,$C_2$ 和 $VD_2$ 为导通延时。调节电容的大小可调节延时时间。

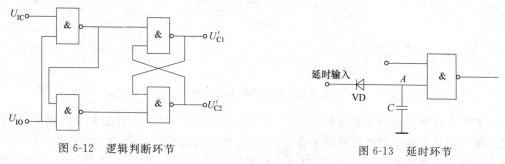

图 6-12  逻辑判断环节                    图 6-13  延时环节

(5) 逻辑保护环节

在正常工作时,逻辑装置的输出 $U''_{C1}$ 与 $U''_{C2}$ 总是相反的。一个为高电平,另一个必为

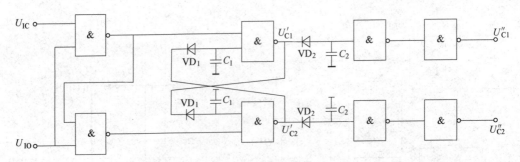

图 6-14  带延时环节的逻辑判断电路

低电平。一旦电路发生故障,使 $U''_{C1}$ 与 $U''_{C2}$ 同时为高电平"1",将造成正反两组晶闸管装置同时开放,形成短路。为避免这种事故发生,应增设逻辑保护环节。

图 6-15 为逻辑保护环节的原理图。正常情况下,$U''_{C1}$ 与 $U''_{C2}$ 一个是高电平"1",另一个是低电平"0",$B$ 点电位始终为"1",而 $U_{C1}$、$U_{C2}$ 与 $U''_{C1}$、$U''_{C2}$ 的状态完全相同。如果发生 $U''_{C1}$ 与 $U''_{C2}$ 全为高电平"1"的故障时,则 $B$ 点电位立即变为"0",把 $U_{C1}$ 和 $U_{C2}$ 都拉到低电平"0",使正反两组触发脉冲同时封锁,并发出"逻辑故障"停机显示,以便检查故障原因。

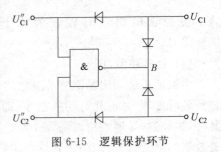

图 6-15  逻辑保护环节

这样把逻辑装置的各个环节连在一起,就构成了逻辑切换装置原理图,如图 6-16 所示。逻辑切换装置的输入信号为模拟量 $U_{si}$ 和 $U_{fi}$,输出信号为开关量 $U_{C1}$ 和 $U_{C2}$。$U_{C1}$ 和 $U_{C2}$ 控制着正反两组触发脉冲的释放和封锁,实现了系统的无环流。逻辑无环流系统的主要优点是不需要限制脉动环流的平衡电抗器,没有附加的环流损耗,从而节省了主电路的设备容量;缺点是具有电流换向死区,影响系统的快速性。其改进方案可参考有关文献。

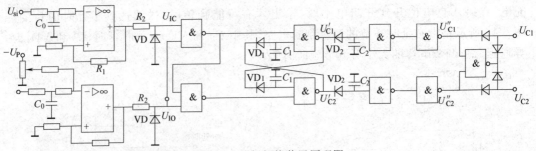

图 6-16  逻辑切换装置原理图

逻辑无环流可逆调速系统的优点是:可省去环流电抗器,没有附加的环流损耗,从而可以节省变压器和晶闸管装置的设备容量,和有环流系统相比,因环流失败而造成的事故率大为降低。其缺点是由于 DLC 中的延时造成了环流死区,影响了系统过渡过程的快速性。

以上介绍的逻辑无环流调速系统中采用了两个电流调节器和两套触发装置分别控制

正、反组晶闸管。实际上,任何时刻系统中只有一组晶闸管在工作,另一组由于脉冲被封锁而处于阻断状态,它的电流调节器和触发装置是闲置的。如果采用电子模拟开关进行选择,就可以将这一套电流调节器和触发装置节省下来。

# 小结

1. 由晶闸管装置供电的直流电动机系统,可以通过改变电动机电枢电压的极性(电枢可逆),或是通过改变电动机励磁电压的极性(磁场可逆),达到可逆运行的目的。电枢可逆系统的特点是切换速度快,但电枢回路容量大,适用于要求过渡过程时间短的中小容量拖动系统;磁场可逆系统的特点是磁场回路容量小,但磁场回路电感大,对系统快速性的影响较大,适用于对快速性要求不高的大容量拖动系统。

2. 无论是电枢可逆系统还是磁场可逆系统,都可以采用以下两种方式实现:一是由一组晶闸管装置供电,利用接触器或晶闸管开关进行切换,来改变电枢电压或磁场电压的极性;二是采用两组晶闸管装置供电,提供不同极性的电枢电压或磁场电压。

3. 环流是指不经过负载在两组晶闸管装置中流过的电流。两组晶闸管装置之间的直流电压差,将引起直流环流;瞬时电压差将引起脉动环流。反并联电路有两条环流路径,交叉连接电路有一条环流路径。采用 $\alpha = \beta$ 工作制可以消除直流环流;串平衡电抗器可以抑制脉动环流。环流的存在消耗功率,使系统的容量增加,但适当大小的环流可以使晶闸管装置避开电流断续区,改善系统的动态和稳态性能。

4. 根据对环流处理方法的不同,构成了各种可逆系统。可控环流可逆系统从利用环流的角度出发,负载电流小时,有一部分环流存在于系统,保证电流连续,负载电流大时,电流已经连续,则让环流消失,既节约能量,又可改善系统性能。逻辑无环流系统则从环流不利的一面考虑,利用逻辑装置控制两组晶闸管装置的触发脉冲,从根本上切断环流的通路。

5. 逻辑无环流可逆系统的结构特点是在可逆系统中增设了无环流逻辑控制器 DLC,它的功能是根据系统的运行情况适时地先封锁原工作的一组晶闸管的触发脉冲,然后再开放原封锁的一组晶闸管的触发脉冲。无论是在稳态还是在切换状态,任何时候都不允许同时开放两组变流器的触发脉冲,从而切断了环流路径实现了可逆系统的无环流运行。

# 本章习题

1. 晶闸管装置供电的直流电动机系统,实现可逆运行有哪些方式?
2. 电枢可逆系统与磁场可逆系统各有何特点?
3. 环流有哪些种类? 它们是如何产生的? 如何对环流进行限制?
4. 反并联电路与交叉连接电路的特点是什么?
5. 在可控环流可逆系统中,环流应按照什么规律变化?
6. 在逻辑无环流系统中,为什么要设置导通等待时间和关断等待时间?
7. 逻辑无环流系统中的逻辑装置由哪些环节组成? 各环节的作用是什么?

# 项目 7

# 直流脉宽调速系统

## 引言

本项目利用电力电子器件大功率晶体管 GTR 和功率场效应晶体管 MOSFET 的高频开关特性,以脉宽调制电路为基础组成了直流脉宽调速系统。

## 任务 7.1  脉宽调制型直流调压电路

### 【任务引入】

直流调压调速是应用最广泛的一种调速方法,调节电枢电压除了利用晶闸管整流器将交流电压调整成可调直流电压外,还可利用其他电力电子器件的可控性,采用脉宽调制(PWM)技术,直接将恒定的直流电压调制成极性可变、大小可调的直流电压,用以实现直流电动机电枢端电压的平滑调节,构成直流脉宽调速系统。它省去了晶闸管变流器所需要的换流电路,具有比晶闸管变流器更为优越的性能,它在中小容量的高精度控制系统中得到了广泛的应用。下面就来分析直流脉宽调速系统的特点及性能。

### 【学习目标】

(1) 掌握直流脉宽调速系统的控制方法。

(2) 能够阐述各种直流脉宽调速系统的原理。

(3) 了解直流脉宽调速系统的控制电路和系统构成。

### 【任务分析】

采用一般控制系统的分析方法,从一般控制的调制电路到专用集成电路控制。

直流脉宽调速电路在许多方面具有较大的优越性:①主电路线路简单,需用的功率器件少;②开关频率高,电流容易连续,谐波少,电动机损耗和发热都较小;③低速性能好,稳速精度高,因而调速范围宽;④系统快速响应性能好,动态抗扰能力强;⑤主电路器件工作在开关状态,导通损耗小,装置效率较高;⑥直流电源采用不可控三相整流时,电网功率因数高。

各种全控型器件构成的直流脉宽调速系统的原理是一样的,只是不同器件具有各自不同的驱动、保护及器件的使用问题。而且 PWM-M 系统和 V-M 系统的主要区别在主电路和 PWM 控制电路。至于闭环控制系统以及静、动态分析和设计基本相同,本章不再重复论述。本章以 GTR 为例介绍直流脉宽调制的主电路和它的控制电路(如果是其他全控型器件,其分析方法是类似的)。

### 7.1.1  脉宽调制原理

许多工业传动设备都是由公共直流电源或蓄电池供电的。在多数情况下,都要求把固定的直流电压变换为不同的电压等级,如地铁列车、无轨电车或由蓄电池供电的机动车辆等,它们都有调速的要求,因此,需要把固定电压的直流电源变换为直流电动机电枢用的可变电压的直流电源。脉冲宽度调制(Pulse Width Modulation,PWM)是通过功率管的开关作用,将恒定直流电压转换成频率一定、宽度可调的方波脉冲电压,通过调节脉冲电压的宽度而改变输出电压平均值的一种功率变换技术。由脉冲宽度调制变换器向电动机供电的系统称为脉冲宽度调制调速系统,简称 PWM-M 调速系统。

图 7-1 所示为脉宽调制调速系统原理图及输出电压波形。

在图 7-1(a)中,假定 VT 先导通 $t_{on}$,这期间电源电压 $U_s$ 全部加到电枢上(忽略 VT 的管压降),然后关断 $t_{off}$,电枢失去电源,经二极管 VD 续流。如此周而复始,则电枢端电压波形如图 7-1(b)所示。电动机电枢端电压 $U_d$ 的平均值为

$$U_d = \frac{1}{T} \int_0^{t_{on}} U_s \, dt = \frac{t_{on}}{t_{on} + t_{off}} U_s = \frac{t_{on}}{T} U_s = \rho U_s \tag{7-1}$$

式中:$\rho = \dfrac{t_{on}}{t_{on} + t_{off}} = \dfrac{t_{on}}{T}$,$(0 \leqslant \rho \leqslant 1)$。$\rho$ 为一个周期 $T$ 中,VT 导通时间与 $T$ 的比率,称为 PWM 电压的占空比。使用下面三种方法中的任何一种,都可以改变 $\rho$ 的值,从而达到调压的目的,实现电动机的平滑调速。

(1)定宽调频法:$t_{on}$ 保持一定,使 $t_{off}$ 在 $0 \sim \infty$ 范围内变化。

(2)调宽调频法:$t_{off}$ 保持一定,使 $t_{on}$ 在 $0 \sim \infty$ 范围内变化。

(3)定频调宽法:$t_{on} + t_{off} = T$ 保持一定,使 $t_{on}$ 在 $0 \sim T$ 范围内变化。

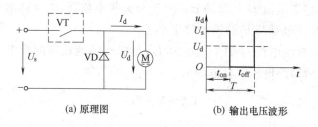

(a) 原理图　　　　　(b) 输出电压波形

图 7-1  PWM-M 脉宽调制调速系统

用全控式器件组成的直流脉宽调速系统都采用闭环控制方式,系统的分析与晶闸管直流调速系统基本相同,而这两类系统的差异突出表现为以全控型 PWM 变换器取代了晶闸管变流装置。因此,下面着重论述 GTR 组成的不可逆和可逆的 PWM 变换器的主电路以及包含 PWM 脉冲产生等内容的控制电路。

**想一想**：试分析以全控型 PWM 变换器取代了晶闸管变流装置后，系统的特点。

## 7.1.2 不可逆 PWM 变换器

PWM 变换器有不可逆和可逆两类，可逆变换器又有双极式、单极式和受限单极式等多种电路。下面分别介绍它们的工作原理和特性。

**1. 不可逆 PWM 变换器**

① 电路组成。图 7-2 所示为不可逆 PWM 变换器的主电路原理图，它实际上就是所谓的直流斩波器。电路采用全控型的电力晶体管代替半控型的晶闸管，电源电压 $U_s$ 为不可控整流电源，采用大电容 $C$ 滤波，二极管 VD 在晶体管 VT 关断时为电枢回路提供续流回路。

② 工作原理。电力晶体管 VT 的基极由脉宽可调的脉冲电压 $U_b$ 驱动。在一个开关周期内，当 $0 \leqslant t < t_{on}$ 时，$U_b$ 为正，VT 饱和导通，电源电压 $U_s$ 通过 VT 加到电动机电枢两端。当 $t_{on} \leqslant t < T$ 时，$U_b$ 为负，VT 截止，电枢失去电源，经二极管 VD 续流。电动机得到的平均端电压为

$$U_d = \frac{t_{on}}{T} U_s = \rho U_s$$

改变 $\rho(0 \leqslant \rho \leqslant 1)$ 即可实现调压调速。

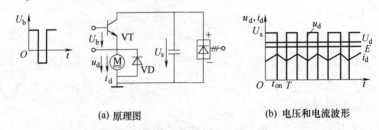

(a) 原理图　　　　　　　　　(b) 电压和电流波形

图 7-2　不可逆 PWM 变换器

图 7-2(b)中绘出了稳态时电枢的脉冲端电压 $u_d$、电枢平均电压 $U_d$ 和电枢电流 $i_d$ 的波形。由图可见，稳态电流 $i_d$ 是脉动的。由于开关频率较高，电流脉动的幅值不会很大，再影响到转速 $n$ 和反电动势 $E$ 的波动就更小了。

设连续的电枢脉动电流 $i_d$ 的平均值为 $I_d$，与稳态转速相应的反电动势为 $E$，电枢回路总电阻为 $R$，则由回路电压平衡方程为

$$U_d = E + I_d R \tag{7-2}$$

可推导得机械特性方程为

$$n = \frac{E}{C_e} = \frac{\rho U_s}{C_e} - \frac{I_d R}{C_e} \tag{7-3}$$

令 $n_0 = \dfrac{\rho U_s}{C_e}$，称为调速系统的空载转速，与占空比成正比；$\Delta n = \dfrac{I_d R}{C_e}$ 为负载电流造成的转速降落，则有 $n = n_0 - \Delta n$。

电流连续时,调节占空比 $\rho$ 便可得到一簇平行的机械特性曲线,这与晶闸管变流装置供电的调速系统中电流连续时的机械特性情况是一样的。

### 2. 可逆 PWM 变换器

可逆输出的脉宽调制电路由 4 个晶体管和 4 个二极管组成,其连接形状如同字母 H,因此称为 H 形脉宽调制电路。它实际上是两组不可逆脉宽调制电路的组合,如图 7-3所示。

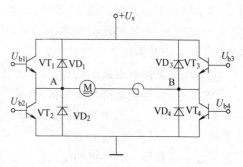

图 7-3　可逆输出的 H 形脉宽调制电路

H 形可逆输出的脉宽调制电路,根据输出电压波形的极性可分为双极性和单极性两种方式。双极性和单极性的连接形式是一样的,如图 7-3 所示,只是 4 个晶体管基极驱动信号的极性不同。

（1）双极性脉宽调制电路

在双极性脉宽调制电路中,4 个晶体管的基极驱动电压分为两组,$VT_1$ 和 $VT_4$ 同时导通和关断,其驱动电压 $U_{b1}=U_{b4}$；$VT_2$ 和 $VT_3$ 同时导通和关断,其驱动电压 $U_{b2}=U_{b3}=-U_{b1}$,如图 7-4 所示。

在一个周期内,当 $0\leqslant t<t_1$ 时,$U_{b1}=U_{b4}$ 为正,晶体管 $VT_1$ 和 $VT_4$ 饱和导通；而 $U_{b2}=U_{b3}$ 为负,$VT_2$ 和 $VT_3$ 截止,这时电枢两端电压 $U_{AB}=U_s$,电枢电流 $i_d$ 从电源 $U_s$ 的正极经 $VT_1$、电动机电枢、$VT_4$,到电源 $U_s$ 负极。当 $t_1\leqslant t<T$ 时,$U_{b1}=U_{b4}$ 变为负,$VT_1$ 和 $VT_4$ 截止而 $U_{b2}=U_{b3}$ 变正,但 $VT_2$ 和 $VT_3$ 并不能立即导通,因为电枢电感向电源 $U_s$ 释放能量形成的电流 $i_d$ 经 $VD_2$ 和 $VD_3$ 续流,$VD_2$ 和 $VD_3$ 两端的压降正好使 $VT_2$ 和 $VT_3$ 的 c-e 极承受反压。当 $i_d$ 过零后,$VT_2$ 和 $VT_3$ 导通,$i_d$ 反向增加,到 $t=T$ 时 $i_d$ 达到反向最大值,这期间电枢两端电压 $U_{AB}=-U_s$。

由于电枢两端电压 $U_{AB}$ 的正负变化,使得电枢电流波形根据负载轻重分为两种情况。当负载电流较大时,电流 $i_d$ 的波形如图 7-4 中的 $i_{d1}$,由于平均负载电流大,在续流阶段（$t_1<t<T$）电流仍维持正方向,电动机工作在正向电动状态；当负载电流较小时,电流 $i_d$ 的波形如图 7-4 中的 $i_{d2}$,由于平均负载电流小,在续流阶段,电流很快衰减到零,于是 $VT_2$ 和 $VT_3$ 的 c-e 极间反向电压消失,$VT_2$ 和 $VT_3$ 导通,电枢电流反向,$i_d$ 从电源 $U_s$ 正极经 $VT_2$、电动机电枢、$VT_3$,到电源 $U_s$ 负极,电动机处在制动状态。同理,在 $0\leqslant t<t_1$ 期间,电流也有一次倒向。

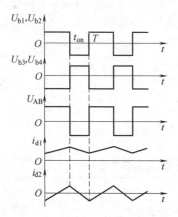

图 7-4　双极性脉宽调制电路的电压电流波形

在一个周期内,电枢两端电压 $U_{AB}$ 正负相间,在 $0\leqslant t<t_1$ 期间为 $+U_s$,在 $t_1\leqslant t<T$ 期间为 $-U_s$,所以称为双极性脉宽调制电路。这样,只要控制正负脉冲电压的宽窄,就能实现电动机的正转和反转。当正脉冲较宽时（$t_1>T/2$）,平均电压为正,电动机正转；当正脉冲较窄时（$t_1<T/2$）,平均电压为负,电动机反转；如

果正负脉冲电压宽度相等($t_1 = T/2$)，平均电压为零，则电动机停止。这时电动机的停止与 4 个晶体管都不导通时的停止是有区别的，4 个晶体管都不导通时的停止是真正的停止。当平均电压为零时，虽然电动机不动，但电枢两端瞬时值电压和瞬时值电流都不为零，而是交变的，电流平均值为零，不产生平均力矩，但电动机带有高频微振，能克服静摩擦阻力，消除正反向的静摩擦死区。

双极性脉宽调制电路的优点是，电流连续，可使电动机在四象限中运行，电动机停止时，有微振电流，能消除静摩擦死区，低速时每个晶体管的驱动脉冲仍较宽，有利于晶体管的可靠导通，平稳性好，调速范围大。其缺点是在工作过程中，4 个大功率晶体管都处于开关状态，开关损耗大，且容易发生上、下两管直通的事故。为了防止上下两管同时导通，可在一管关断和另一管导通的驱动脉冲之间，设置逻辑延时。

双极性工作制的机械特性方程式与式(7-3)一致，但占空比 $\rho$ 的取值范围在 +1 与 −1 之间，故机械特性曲线分布于四个象限，系统可实现四象限运行。

(2) 单极性脉宽调制电路

在单极性脉宽调制电路中，4 个晶闸管基极的驱动电压是这样的：$VT_3$ 和 $VT_4$ 的驱动脉冲 $U_{b1} = -U_{b2}$，与双极性时相同；$VT_3$ 和 $VT_4$ 的驱动脉冲与双极性时不同。如果电动机正转，$U_{b3}$ 恒为负，$U_{b4}$ 恒为正，使 $VT_3$ 截止 $VT_4$ 常通，即 $VT_3$ 截止 $VT_4$ 饱和导通，$VT_1$ 和 $VT_2$ 工作在交替开关状态。这样，在 $0 \leqslant t < t_1$ 期间，电枢两端电压 $U_{AB} = U_s$，而在 $t_1 \leqslant t < T$ 期间，$U_{AB} = 0$。在一个周期内，电枢两端电压 $U_{AB}$ 是大于或等于零的，所以称为单极性脉宽调制电路。如果希望电动机反转，则让 $VT_3$ 的驱动脉冲 $U_{b3}$ 恒为正，$VT_4$ 的驱动脉冲 $U_{b4}$ 恒为负，使 $VT_4$ 截止，$VT_3$ 饱和导通，$VT_1$ 和 $VT_2$ 仍工作在交替开关状态，这样在 $0 \leqslant t < t_1$ 期间，$U_{AB} = 0$，而在 $t_1 \leqslant t < T$ 期间，$U_{AB} = -U_s$。电动机正转时的电压电流波形如图 7-5 所示。

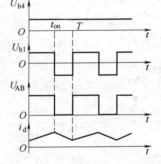

图 7-5　单极性脉宽调制电路

单极性脉宽调制电路的优点是：不会出现上下两个管子同时导通的情况；当电动机停止时，$U_d = 0$，其瞬时值也为零，电枢回路中无电流，减少了空载损耗，但无高频微振，起动较慢，其低速性能不如双极性的好。

双极性、单极性可逆 PWM 变换器的比较见表 7-1。

表 7-1　双极性、单极性可逆 PWM 变换器的比较(当负载较重时)

| 控制方式 | 电动机转向 | $0 \leqslant t \leqslant t_{on}$ | | $t_{on} \leqslant t \leqslant T$ | | 占空比调节范围 |
|---|---|---|---|---|---|---|
| | | 开关状况 | $U_{AB}$ | 开关状况 | $U_{AB}$ | |
| 双极式 | 正转 | $VT_1$、$VT_4$ 导通<br>$VT_2$、$VT_3$ 截止 | $+U_s$ | $VT_1$、$VT_4$ 截止<br>$VD_2$、$VD_3$ 续流 | $-U_s$ | $0 \leqslant \rho \leqslant 1$ |
| | 反转 | $VD_1$、$VD_4$ 续流<br>$VT_2$、$VT_3$ 截止 | $+U_s$ | $VT_1$、$VT_4$ 截止<br>$VT_2$、$VT_3$ 导通 | $-U_s$ | $-1 \leqslant \rho \leqslant 0$ |

续表

| 控制方式 | 电动机转向 | $0 \leqslant t \leqslant t_{on}$ | | $t_{on} \leqslant t \leqslant T$ | | 占空比调节范围 |
| --- | --- | --- | --- | --- | --- | --- |
| | | 开关状况 | $U_{AB}$ | 开关状况 | $U_{AB}$ | |
| 单极式 | 正转 | $VT_1$、$VT_4$导通<br>$VT_2$、$VT_3$截止 | $+U_s$ | $VT_4$导通,$VD_2$续流<br>$VT_1$、$VT_3$截止<br>$VT_2$不通 | 0 | $0 \leqslant \rho \leqslant 1$ |
| | 反转 | $VT_3$导通、$VD_1$续流<br>$VT_2$、$VT_4$截止<br>$VT_1$不通 | 0 | $VT_2$、$VT_3$导通<br>$VT_1$、$VT_4$截止 | $-U_s$ | $-1 \leqslant \rho \leqslant 0$ |

## 7.1.3　由集成电路控制的 BJT-PWM 直流调速系统

随着 PWM 应用的日益广泛,出现了 PWM 专用集成电路,如 SG1731、SG3524 等。下面介绍 SG1731 集成电路以及由它构成的直流调速系统。

图 7-6 为由 SG1731 PWM 集成电路控制的、由晶体管电路供电的直流调速系统。

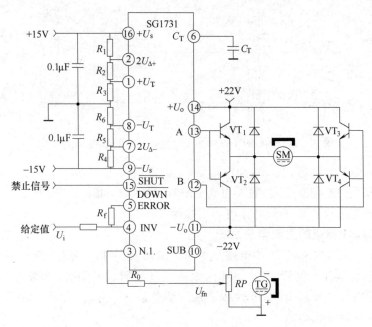

图 7-6　SG1731 PWM 集成电路控制的直流调速系统

### 1. SG1731 集成电路

SG1731 PWM 专用集成电路的引脚排列及内部功能示意图如图 7-7 和图 7-8 所示。

SG1731 内置三角波发生器、偏差信号放大器、比较器和桥式功放等电路。它将直流电压信号与三角波电压叠加后形成 PWM 波形,经功率放大电路输出。其中:

(1) 16 脚和 9 脚接电源$\pm U_s$($\pm 2.5 \sim \pm 15V$),用于芯片的控制电路。

(2) 14 脚和 11 脚接电源$\pm U_o$($\pm 2.5 \sim \pm 22V$),用于桥式功放电路。

(3) 比较器 $A_1$、$A_2$,双向恒流源及外接电容 $C_T$ 组成三角波发生器。

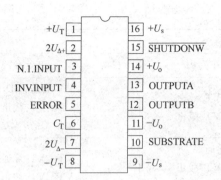

图 7-7　SG1731 PWM 集成电路引脚排列

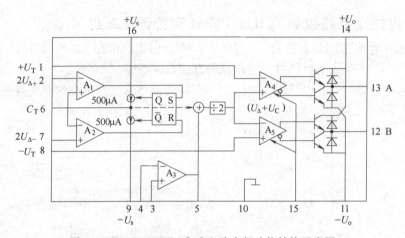

图 7-8　SG1731 PWM 集成电路内部功能结构示意图

（4）$A_3$ 为偏差放大器，$A_4$、$A_5$ 为比较器。

（5）15 脚为关断控制端，当输入为低电平时，封锁输出信号。

（6）10 脚为芯片片基，6 脚外接电容后接地。

**2. 由 SG1731 组成的直流调速系统**

在如图 7-6 所示的系统中，主电路是由 4 个晶体管（$VT_1\sim VT_4$）构成的 H 形供电电路，4 个二极管为续流二极管，其中 SM 为永磁式直流伺服电动机，电路由 ±22V 直流电源供电。图中电流调节器由 SG1731 偏差放大器外接 RC 构成 PI 调节器，其工作原理与双闭环直流调速系统相类似。

> 想一想：简要叙述 SG1731 PWM 集成电路控制的直流调速系统的调速过程。

## 7.1.4　PWM 控制系统的特点

（1）开关频率可达 $1\sim 10\text{kHz}$，在实际使用中通常整定为 2kHz 左右，这样高频率的供电电压（PWM 波）经直流电动机电枢电感滤波后，通过电动机电枢的电流将是脉动很小的直流电流。

（2）PWM 专用集成供电电路为 H 形可逆供电电路，PWM 波为单极性，调制波为三角波。

# 小结

1. 直流脉宽调速系统是利用大功率晶体管的开关作用,将直流电压转换成较高频率的方波电压,通过对方波脉冲宽度的控制,改变直流电压的平均值,从而达到改变直流电动机转速的目的,直流脉宽调制电路分为不可逆输出和可逆输出两种,可逆输出的脉宽调制电路又有双极性和单极性两种形式。

2. 在直流脉宽调速系统中,晶体管基极的驱动信号由电压-脉冲变换器产生,但其输出的信号功率较小,还需经过驱动电路放大,并采取一定的保护措施,才能用来驱动大功率晶体管。

3. PWM 调速系统的控制规律和数学模型与转速电流双闭环直流调速系统基本一样,区别仅在于 PWM 装置本身的传递函数不同。

# 本章习题

1. 直流脉宽调速系统有哪些优点?
2. 简述直流脉宽调速系统的工作原理。
3. 画出双极性脉宽调制电路的电压电流波形。
4. 试比较双极性脉宽调制电路与单极性脉宽调制电路的优缺点。

# 位置随动系统

**引言**

位置随动控制系统和调速系统一样都是反馈控制系统。它们除具有控制系统的共性之外,也有相应的个性。一般来说,调速系统的给定量是定值(阶跃信号),相应地希望转速的输出也是恒定的,所以抗干扰能力成为主要的指标。而对于随动控制系统而言,输入信号是变化的,要求输出准确跟踪,故准确性(跟随性能)自然就成为主要的性能指标。本项目主要介绍了位置随动控制系统的性能指标,主要组成部分以及常用的检测元器件,最后分析了数控机床的伺服控制系统。

## 任务 8.1  位置随动系统概述

**【任务引入】**

在位置随动控制系统中,一般执行电动机常选用伺服电动机,所以也称位置伺服控制系统。位置随动系统的应用十分广泛。如军事工业中自动火炮跟踪雷达天线或跟踪电子望远镜的目标控制,陀螺仪的惯性导航控制,飞行器及火箭的飞行姿态控制;冶金工业中轧钢机轧辊压下装置的自动控制,按给定轨迹切割金属的火焰喷头的控制;仪器仪表工业中函数记录仪的控制以及机器人的自动控制等。

> 想一想:上述各种位置随动系统中有哪些重要的性能指标是需要重点研究的?

**【学习目标】**

(1) 理解置随动系统系统的基本概念。

(2) 了解位置随动系统的性能指标。

(3) 了解位置随动系统的主要组成。

**【任务分析】**

一般来说,随动控制系统要求有好的跟随性能。位置随动系统是非常典型的随动系统,是一个位置闭环反馈系统,系统中具有位置给定、位置检测和位置反馈环节,这种系统的各种参数都是连续变化的模拟量,其位置检测可用电位器、自整角机、旋转变压器、感应同步器等。位置随动系统中的给定量是经常变动的,是一个随机量,并要求输出量准确跟随给定量的变化,输出响应具有快速性、灵活性和准确性。

## 8.1.1 位置随动系统的应用

位置随动系统是应用领域非常广泛的一类系统,它的根本任务就是实现执行机构对位置指令(给定量)的准确跟踪,被控制量(输出量)一般是负载的空间位移,当给定量随机变化时,系统能使控制量准确无误地跟随并复现给定量。在生产活动中,这样的例子是很多的。例如轧钢机压下装置的控制,在轧制钢材的过程中,必须使上下两根轧辊之间距离能按工艺要求进行自动调整;数控机床的加工轨迹控制和仿形机床的跟随控制;轮船上的自动操舵装置能使位于船体尾部的舵叶的偏转角模仿复制位于驾驶室的操舵手轮偏转角,以便按照航行要求来操纵船舶的航向;火炮群跟踪雷达天线或电子望远镜以瞄准目标的控制以及机器人的动作控制。以上这些都是位置随动系统的具体应用。

位置随动系统中的位置指令(给定量)和被控制量一样也是位移(或代表位移的电量),当然可以是角位移,也可以是直线位移,所以位置随动系统必定是一个位置反馈控制系统,位置随动系统是狭义的随动系统,从广义来说随动系统的输出量不一定是位置,也可以是其他的量,例如项目 5 中的转速电流双闭环调速系统中的电流环实际上可看成是一个电流随动系统,采用多电动机拖动的多轴纺织机和造纸机可认为是速度的同步随动系统等。随动系统一般也称为伺服系统。

## 8.1.2 位置随动系统的性能指标及其主要组成

### 1. 性能指标

要使角位移的输出量能够跟随给定角位移的输入量的变化而变化,达到位置随动的目的,可以通过位置的检测、反馈、校正等环节,形成位置闭环反馈系统。系统中具有位置给定、位置检测和位置反馈环节,这种系统的各种参数都是连续变化的模拟量,其位置检测可用电位器、自整角机、旋转变压器、感应同步器等。

根据现实需要,位置随动系统的主要技术指标:①误差系数 $C_0 = 0$,$C_1 = (1/200)\text{s}$;②单位阶跃响应的超调量 $\sigma\% \leqslant 3\%$;③单位阶跃响应的调节时间 $t_s \leqslant 0.7\text{s}$;④幅值裕度 $h(\text{dB}) \geqslant 6\text{dB}$。

### 2. 性能指标主要组成

以自整角机随动控制系统为例,其原理图如图 8-1 所示。

(1) 自整角机

自整角机用作测量机械转角(角位移)的传感器,是位置检测元件。随动系统通过一对自整角机来反映指令轴转角、执行轴转角和它们之间的角差,与指令轴相连的自整角机成为发送机,与执行轴相连的成为接收机。

(2) 相敏放大器

相敏放大器用作将自整角机测角电路输出的角差电动势整流成直流信号,该信号不仅反映角差的大小,而且要反映角差的极性。

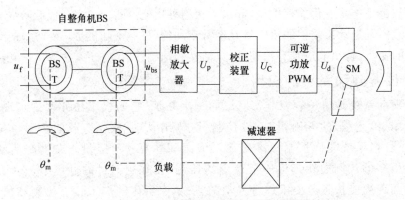

图 8-1　自整角机随动控制系统原理方框图

（3）可逆功率放大器

可逆功率放大器用作对控制信号进行功率放大，以便驱动执行机构，实现控制系统的正反转控制。

（4）伺服电动机

伺服电动机是随动系统执行机构的主要组成部分，对系统精度和快速性影响较大，要求伺服电动机转动惯量小，过载转矩大，以提高系统的快速性。

（5）校正电路

通过校正，使系统的稳定性、准确性、快速性得到改善，以达到要求。

# 任务 8.2　位置信号的检测元件及执行元件

## 【任务引入】

位置随动系统与调速系统的区别首先在于信号的检测，由于位置随动系统要控制的量多数是直线位移或角位移，组成位置环时必须通过检测装置将它们转换成一定形式的电量，这就需要位置检测装置。如何选择合适的检测装置和执行元件来完成规定的系统性能呢？下面介绍位置信号的检测及执行元件。

## 【学习目标】

（1）了解位移检测元件。

（2）理解执行元件。

## 【任务分析】

分析各种检测装置的特点以及所能达到的精度，从而正确地使用位置检测装置（长度、角度、直线位移和角位移）及交直流伺服电动机。

### 8.2.1　位移检测元件

#### 1. 伺服电位器

图 8-2 为伺服电位器的原理图。通常在精度较低的系统中，采用一对型号相同的线绕电位器，将它们两端并联后接上电源 $E$。给定电位器 $RP_s$ 的动点与指令轴联动，设其

转角为 $\theta_i$。测量电位器 $RP_d$ 的动点与测量轴联动,设其转角为 $\theta_o$。然后将两电位器的动点的电位差作为伺服电位器的输出电压 。

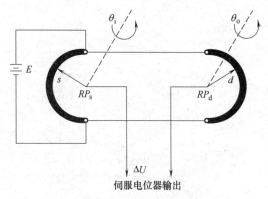

图 8-2　伺服电位器原理图

设电位器的最大转角为 $\theta_{\max}$。由图 8-2 可知,动点 $RP_s$ 电位 $U_s = \dfrac{E}{\theta_{\max}}\theta_i = k\theta_i$；动点 $RP_d$ 电位为 $U_d = \dfrac{E}{\theta_{\max}}\theta_o = k\theta_o$,则输出电压 $\Delta U = U_s - U_d = K(\theta_i - \theta_o) = K\Delta\theta$。

可见,其输出电压 $\Delta U$ 正比于角差 $\Delta\theta$。若 $\theta_i$ 已知,则可通过量测输出电压的大小,获取被测轴角位移 $\theta_o$ 的大小。

伺服电位器电路简单,惯性小,消耗功率小,所需电源简单。但通常用的线绕电位器存在接触不良、寿命短以及输出信号不平滑等缺点。若采用光点照射式的光电电位器、导电塑料电位器,性能大为改善,可应用在要求较高的场合。

若将电位器做成直线型,同样可作为线位移检测元件。

**2. 自整角机**

在控制系统中,自整角机总是两个或两个以上组合使用。这种组合自整角机能将转轴上的转角变换为电信号,或者再将电信号变换为转轴的转角,使机械上互不相连的两根或几根转轴同步偏转或旋转,以实现角度的传输、变换和接收。

自整角机的结构也是分成定子和转子两大部分。定子和转子铁心均为硅钢冲片压叠而成。定子绕组与交流电动机相似,也是三相分布绕组,各相绕组轴线在空间互差 $120°$,一般接成 Y 形。转子绕组为单相绕组,它通过两只滑环-电刷与外电路相连。

下面分析控制式自整角机的工作原理。

图 8-3 所示为控制式自整角机的工作原理图。图中,左边的自整角机称为发送机 G,右边的自整角机称为接收机 R。发送机的转子绕组接交流励磁电压 $u_f$,称为励磁绕组。发送机 G 和接收机 R 的定子绕组称为同步绕组,两套同步绕组对应相连接。接收机的转子绕组向外输出电压 $u_{bs}$,称为输出绕组。发送机的转子与指令轴 $\Phi_1$ 相连,$\Phi_1$ 轴与定子相 $A_1$ 的夹角为 $\theta_i$,接收机 R 的转子与执行轴 $\Phi_2$ 相连,$\Phi_2$ 轴与定子相 $A_2$ 的夹角为 $\theta_o$。

工作时,在发送机的转子绕组上加正弦交流励磁电压 $u_f$,$u_f(t) = U_{fm}\sin\omega_o t$,式中 $\omega_o$ 称为调制角频率,$\omega_o = 2\pi f_o$,$f_o$ 称为调制频率。$f_o$ 通常为 $400\text{Hz}$(或 $500\text{Hz}$,也有 $50\text{Hz}$ 的)。当

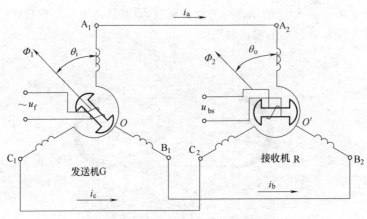

图 8-3  控制式自整角机工作原理图

加励磁电压 $u_f$ 后,便会产生励磁电流,此电流形成交变脉动磁通,将在定子三相绕组中产生感应电动势。此电动势又作用于接收机 R 定子的三相绕组,产生交流感应电流 $i_a$、$i_b$、$i_c$。这些电流产生的综合磁通将使接收机 R 的转子绕组感应产生一个正弦交流电压 $u_{bs}$。

可以证明,$u_{bs}$ 电压的频率与励磁电压 $u_f$ 的频率相同,其幅值 $U_{bsm}$ 与两个自整角机的角差 $\Delta\theta$ 的正弦成正比,即

$$u_{bs} = U_{bsm}\sin\omega_o t = k\sin\Delta\theta\sin\omega_o t \tag{8-1}$$

当 $\Delta\theta = \theta_i - \theta_o$ 很小时,$\sin\Delta\theta \approx \Delta\theta$,则有:

$$u_{bs} \approx k\Delta\theta\sin\omega_o t \tag{8-2}$$

图 8-4 所示为一角位移随动系统,当 $\theta_i \neq \theta_o$ 时,接收机 R 的输出电压 $u_{bs}$ 经放大器放大后,去控制交流伺服电动机 SM,向减小角差方向转动,直至 $\theta_i = \theta_o$ 为止。

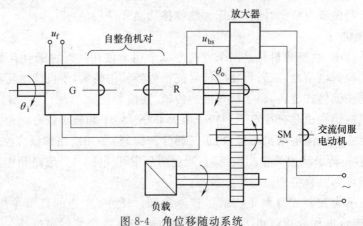

图 8-4  角位移随动系统

这种电路的优点是简单可靠,同时,由于自整角机发送机和接收机之间只需要三根连线,所以,发送轴(指令轴)和接收轴(执行轴)之间可以相距很远(例如数百米),便可实现远距离检测与控制。它的缺点是有剩余电压,转子有一定惯性。

控制式自整角机是作为转角电压变换器使用的,输入量为发送轴的转角,输出是接收机的输出电压,并通过放大器、伺服电动机带动接收轴跟随发送轴同步转动。由于此时自整角机中的电磁现象类似变压器,所以控制式运行也称变压器状态运行,控制式自整角机

接收机也称自整角变压器。此外,还有一种力矩运行方式。力矩式自整角机接收机自己能产生整步转矩,不需要放大器和伺服电动机,在整步转矩的作用下,接收机转子便跟随发送轴同步转动。为了产生整步转矩,力矩式自整角机和接收机都要励磁,两个转子绕组都是励磁绕组。力矩式自整角机系统比较简单,但系统中无力矩放大作用,整步转矩比较小,只能带动指针、刻度盘等轻负载,而且通常仅能组成开环自整角机系统,系统精度不高。要提高自整角机系统的精度和负载能力,可使用控制式自整角机系统。

**3. 光电编码器**

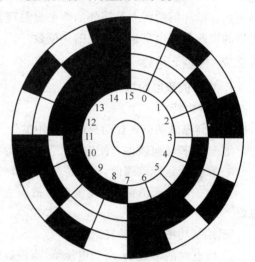

光电编码盘是一种按角度直接进行编码的码盘式角度-数字转换器。其核心部件是编码盘。编码盘是一种按一定编码形式(如二进制编码、循环码编码等)来分辨角度位移的圆盘。图 8-5 所示为一个 4 位二进制编码盘。它的制作方法是:首先将圆盘按角度分为 $m$ 等分(图中 $m=16$),并分成 $n$ 个同心圆环(图中 $n=4$),各圆环对应着编码的位数,称为码道,内圆环对应编码的高位,外圆环对应编码的低位;然后将 $m \times n$ 个(图中为 64 个)扇形区,按二进制编码,划分为透明(白色)部分和不透明(黑色)部分,透明(白色)部分表示"0",不透明

图 8-5　二进制编码盘

(黑色)部分表示"1",由这些不同的黑、白色区域的排列组合即构成了与角位移位置相对应的数码,如"0000"对应"0"号角度位,"0100"对应"4"号角度位。

若选 $m=32$,则应取 $n=5$,因为 $2^n=2^5=32=m$。$n$ 位码盘,则能分辨的角度为 $\alpha = \dfrac{360}{2^n}$。显然,位数 $n$ 越大(即码道越多),能分辨的角度越小,测量也就越精确。

**想一想**:查资料,看看还有没有其他方法对码盘进行编码?

应用光电码盘进行角位移检测的示意图如图 8-6 所示。对应每一条码道有一个光电检测元件,码盘装在检测轴上,当码盘处于不同角度时,以透明与不透明区域组成的数码信号由光电元件的感光与否转换成电信号,送往数码寄存器,由数码寄存器呈现的不同数

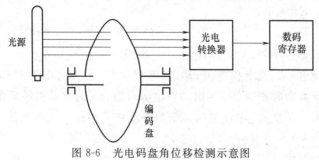

图 8-6　光电码盘角位移检测示意图

码即可获得角位移的位置数值。

光电码盘检测的优点是没有触点磨损,允许转速高,精度较高。单个码盘可做到 18 位,组合码盘达 22 位。其缺点是结构复杂,价格贵,光源寿命短,安装较困难。

上面介绍的是二进制码盘,编码简单,但在实际应用中对码盘的制作和安装要求十分严格,否则会出错。例如当由 7(0111)向 8(1000)位置过渡时,如制作、安装不准,可能出现 8 至 15(十进制)之间的任一数值,这是不允许的,为消除这种非单值性误差,采用循环码编码。循环码的特点是相邻的两个数码只有一位是变化的,因此即使制作、安装不准,产生的误差最多也只是最低位的一位数。

## 8.2.2　执行元件

### 1. 直流伺服电动机

（1）结构特点

根据伺服电动机在自动控制系统中的作用,系统对它的性能提出如下要求。

① 转速和转向能很方便地受控制信号的控制,调速范围大。

② 在整个运行范围内,机械特性和调节特性应是线性关系。

③ 当控制信号消除时,伺服电动机应立即停转,也就是要求伺服电动机无"自转"现象。

④ 控制功率小,启动转矩大。

⑤ 机电时间常数小,启动电压低,当控制信号改变时,反应快速灵敏。

上述要求,不但适合于直流伺服电动机,而且也适合交流伺服电动机。

由于上述要求,因此直流伺服电动机与普通直流电动机相比,其电枢形状较细而长,以减小惯量,磁极与电枢间的气隙小,加工精度与机械配合要求高,铁心材料好。

（2）直流伺服电动机的基本关系式

直流伺服电动机既可采用电枢控制也可采用磁场控制,一般多采用前者。采用电枢控制方式时其控制电路如图 8-7 所示,将励磁绕组接于恒定电压,控制电压接至电枢两端。

在恒定励磁条件下,稳态时 $\left(\dfrac{\mathrm{d}i}{\mathrm{d}t}=0,\dfrac{\mathrm{d}n}{\mathrm{d}t}=0\right)$,并设空载阻转矩 $T_0=0$,其基本关系式有:

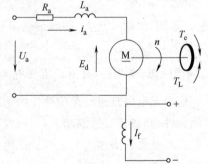

图 8-7　直流伺服电动机电路图

$$U_a=I_aR_a+E \tag{8-3}$$

$$E=k_e\Phi n \tag{8-4}$$

$$T_e=T_L=T \tag{8-5}$$

$$T=k_T\Phi I_a \tag{8-6}$$

式中:$U_a$ 为电枢电压;$I_a$ 为电枢电流;$R_a$ 为电枢电阻;$E$ 为反电动势;$T_e$ 为电磁转矩;$T_L$ 为负载转矩;$\Phi$ 为励磁磁通;$R_a$ 为电动机电势常数;$k_T$ 为电动机转矩常数。

式(8-3)~式(8-6)为直流电动机的 4 个静态重要关系式。由以上各式可得转速公式

$$n=\frac{U_a}{k_e\Phi}-\frac{R_a}{k_ek_T\Phi^2}T=n_o-\Delta n \tag{8-7}$$

由转速公式便可分析它的机械特性和调节特性。

（3）机械特性和调节特性

机械特性是指在一定输入条件下，电动机的静态转速与其电磁转矩的关系。电枢控制方式时的机械特性指的是电枢控制电压 $U_a$ 和磁通 $\Phi$ 为常量时，静态转速与转矩的关系，即

$$n = f(T) \bigg|_{\substack{U_a = 常量 \\ \Phi = 常量}} \tag{8-8}$$

这种关系从式(8-7)中表达得十分清楚。依式(8-7)可绘出直流伺服电动机的机械特性曲线，如图 8-8(a)所示。

由式(8-7)可知，当 $U_a$ 一定时，机械特性为一条向下倾斜的直线。转速 $n$ 随转矩 $T$ 的增大而降低，也就是说，电动机加载，会产生转速降落。

随着控制电压 $U_a$ 减少，特性向下平移，特性的斜率不发生变化。也就是说随着控制电压 $U_a$ 的减少，转速 $n$ 将下降。

当 $T = 0$ 时，$n = n_0 = \dfrac{U_a}{k_e \Phi}$，$n_0$ 称为理想空载转速。$n_0$ 随 $U_a$ 的减小而减小。

当 $n = 0$ 时，$T = T_{st} = \dfrac{U_a k_T \Phi}{R_a}$，$T_{st}$ 称为电动机启动转矩。$U_a$ 加大，对应的 $T_{st}$ 亦将加大。

直流伺服电动机另一重要特性为调节特性。电枢控制方式时的调节特性指的是在一定的电磁转矩下，电动机静态转速与电枢电压的关系。即

$$n = f(U_a) \bigg|_{\substack{T = 常量 \\ \Phi = 常量}} \tag{8-9}$$

同样式(8-7)表达了调节特性的关系。由式(8-7)或由机械特性曲线簇经作图法可获得直流伺服电动机的调节特性，如图 8-8(b)所示。

当 $T$ 一定时，调节特性为一条向上的斜直线。转速 $n$ 随 $U_a$ 的增大而上升，所以改变控制电动机 $U_a$ 的大小可实现调速。

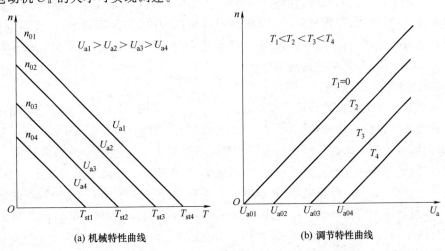

(a) 机械特性曲线　　　　　(b) 调节特性曲线

图 8-8　直流伺服电动机的机械特性曲线与调节特性曲线

当 $T$ 增大时,调节特性向下平移。说明当负载转矩增大时,要得到同样的转速,就必须增大控制电压 $U_a$。

当 $n=0$ 时,$U_a=U_{a0}=\dfrac{R_a T}{k_T \Phi}$,$U_{a0}$ 称为启动时的电枢电压。对应较大的负载转矩,所需的启动电压也将加大。启动电压是克服负载转矩,电动机开始启动所需的最小电枢电压。

当 $T=0$ 时,特性通过坐标原点,表明此时对应的 $U_{a0}=0$,这是理想状态($T=0$ 时)。

综上所述,直流伺服电动机具有以下特点,励磁功率小,机电时间常数小,动态响应快,机械特性硬,启动转矩大,机械特性和调节特性均为线性变化,而且效率高,但是它有换向器,运行时会有火花,维护不便。

### 2. 交流伺服电动机

（1）主要结构特点

交流伺服电动机也是自动控制系统中常用的一种执行元件。功率从几瓦到几十瓦的交流伺服电动机在小功率随动系统中得到非常广泛的应用。图 8-9 所示是交流伺服电动机的原理图。其实质上是一台两相感应电动机。在它的定子上装有两个在空间上相差 90° 的绕组,一个为励磁绕组,另一个为控制绕组。运行时,励磁绕组 A 始终加上一定的交流励磁电压（其频率通常为 500Hz 或 400Hz 等）,控制绕组 B 接上交流控制电压。交流伺服电动机可采用多种控制方式,常用的一种是在励磁回路中串接一个适当的电容 $C$,使控制电压在相位上与励磁电压相差 90°。

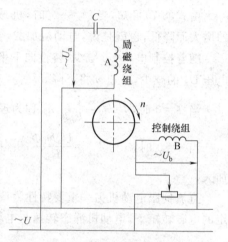

图 8-9　交流伺服电动机的原理图

交流伺服电动机结构上最主要的特点是转子电阻大,有利于消除"自转"现象,扩大稳定运行范围,并可获得近似线性的机械特性。交流伺服电动机转子常用结构有两种形式,一种为笼形转子,另一种为非磁性杯形转子。它们的工作原理是完全一样的。杯形转子的优点是,转动惯性小,摩擦转矩小,因此快速反应能力强,另外运转平滑,无抖动现象。但其缺点是由于存在内定子,气隙较大,励磁电流大,相对体积较大,电动机效率和利用率较低。为提高利用率,常采用提高供电频率的办法。

（2）机械特性与调节特性

交流伺服电动机的机械特性是指控制电压 $U_b$ 一定时,转速 $n$ 与转矩 $T$ 之间的关系。其数学表达式的推演比较麻烦,这里直接给出其机械特性曲线,如图 8-10 所示。由图可见,交流伺服电动机的机械特性曲线是以控制电压 $U_b$ 为参变量的一簇略带弯曲的向下倾斜线,其特性是非线性的。当转矩增大时,其转速将下降。而且当控制电压减小时,特性曲线向下移动,即控制电压减小,转速下降。但它不像直流伺服电动机的特性曲线那样平行下移,而是不平行的移动。由图还可进一步发现,在低速时,它的机械特性曲线的线性程度更好。因此交流伺服电动机较少用于高速。

交流伺服电动机的调节特性是指转矩 $T$ 一定时,转速 $n$ 与控制电压 $U_b$ 的关系。调

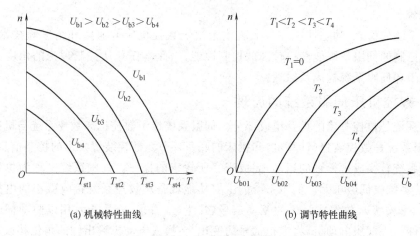

图 8-10　交流伺服电动机的机械特性曲线与调节特性曲线

节特性曲线如图 8-10(b)所示。它是一簇略带弯曲的向上倾斜线。转矩越大,对应的曲线越低。这意味着,负载转矩越大,要求达到相同的转速,所需的控制电压越大。其特性是非线性的,而且在低速时,线性度要好一些。

综上所述,交流伺服电动机的主要特点是结构简单,转动惯量小,动态响应快,运行可靠,维护方便,但与直流伺服电动机相比,机械特性和调节特性的线性度差,效率低,体积大,所以常用于小功率伺服系统中。

# 任务 8.3　数控机床的伺服系统

## 【任务引入】

现代的数控机床是一种高度数字化控制的高效率自动化设备,具有很好的通用性和灵活性,适用于加工零件形状复杂,精度要求高和改形频繁的中小批量生产过程。伺服系统是指以机械位置或角度作为控制对象的自动控制系统。它接收来自数控装置的进给指令信号,经变换、调节和放大后驱动执行元件实现直线或旋转运动。伺服系统是数控装置(计算机)和机床的联系环节,是数控机床的重要组成部分,也是一类具有较高精度的位置控制系统。

## 【学习目标】

(1) 理解数控机床伺服系统的原理。

(2) 数控机床伺服系统的性能分析。

## 【任务分析】

伺服系统主要由驱动装置和执行机构两大部分组成。直流伺服电动机和交流伺服电动机是目前最常见的执行机构,这些电动机一般都带有光电编码盘、测速发电机等速度测量元件。伺服系统按其控制方式分为开环伺服系统、半闭环伺服系统和闭环伺服系统三大类。各类数控机床可按照它们对加工精度、生产率和成本的要求选用相应的伺服系统。

伺服系统的稳态、动态性能在很大程度上决定数控机床的速度和精度等技术指标。由于闭环控制的伺服系统能获得较高的控制性能，因此本任务从控制理论的角度分析数控机床的闭环伺服系统构成及原理。

### 8.3.1　数控机床伺服系统的原理

伺服系统是数控机床的重要组成部分。伺服系统位于数控机床数控系统与机床主体之间，伺服系统是数控装置（计算机）和机床的联系环节。数控装置发出的控制信息，通过伺服驱动系统转换成坐标轴的运动，完成程序所规定的操作。伺服系统又称为位置随动系统、驱动系统或伺服单元。伺服系统的主要功能就是从数控系统接收微小的电控信号（5V 左右，毫安级），放大成强电的驱动信号（几十、上百伏，安培级），用以驱动伺服系统的执行元件——伺服电动机，将电控信号的变化，转换成电动机输出轴的角位移或角速度的变化，从而带动机床主体部件（如工作台、主轴或刀具进给等）运动，实现对机床主体运动的速度控制和位置控制，达到加工出工件的外形和尺寸的最终目标。其基本组成如图 8-11 所示。

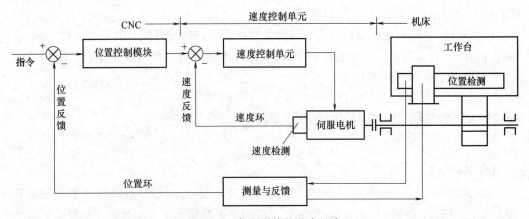

图 8-11　伺服系统的基本组成

数控机床伺服驱动系统由驱动信号控制转换电路、电子电力驱动放大模块、速度调节单元、电流调节单元和检测装置组成。

一般闭环系统为三环结构，即位置环、速度环、电流环。位置、速度和电流环均由调节控制模块、检测和反馈部分组成。电力电子驱动装置由驱动信号产生电路和功率放大器组成。严格来说，位置控制包括位置、速度和电流控制，速度控制包括速度和电流控制。速度控制单元用来控制电动机转速，是速度控制系统的核心。速度检测装置包括测速发电机、脉冲编码器等。速度环控制在进给驱动装置内完成，位置环由数控装置来完成。其特点为，从外部看是以位置指令输入和位置控制为输出的位置闭环控制系统；从内部的实际工作来看，它是先把位置控制指令转换成相应的速度信号后，再通过调速系统驱动伺服电机，实现实际位移。

---

👣 **想一想**：试着取图 8-11 中某个部分求其传递函数。

### 8.3.2　数控机床伺服系统的性能分析

位置伺服系统也是一类自动控制系统,所以自动控制原理中系统分析的方法在这里也是适用的。下面讨论数控机床位置伺服系统的各项性能指标。

**1. 系统的稳定性分析**

稳定性是指系统受外界干扰时,能在短暂的时间内恢复到原来的平衡状态。伺服系统有较强的抗干扰能力,可确保进给速度的正常。数控机床的伺服系统必须是稳定的,否则机床工作台就不可能稳定在指定位置,也无法进行切削加工。

利用劳斯-赫尔维茨稳定判据和奈奎斯特稳定判据来判断线性伺服系统稳定性。工程上为了确保系统安全可靠,还应有足够的稳定裕量。对于数控机床,建议点位控制系统的对数幅频特性为 $5\sim10$dB,$\gamma$ 为 $50°$左右;轮廓控制系统的对数幅频特性为 $12\sim20$dB,$\gamma$ 为$50°\sim60°$。

位置环(外环)的主要作用是消除位置偏差,常采用 PID 串联校正。为稳定速度和限制加速度,改善系统的动态性能,又常采用转速负反馈进行局部反馈校正。

**2. 系统的稳态性能分析**

位置伺服系统的稳态性能指标主要是定位精度,即系统过渡过程结束时输出量实际值与期望值之间的偏差。一般数控机床的定位精度应不低于 $0.01$mm,而高性能数控机床的定位精度将达到 $0.01$mm 以下。影响伺服系统定位精度的因素有:①位置检测元件引起的检测误差;②系统误差,即由系统自身的结构、系统特征参数和输入信号的形式决定的误差。这里主要讨论系统误差对定位精度的影响。

(1) 典型输入信号。在伺服系统的分析中常用两种典型输入信号:位置阶跃输入和斜坡输入。前者多用于定位控制的数控机床,后者多用于直线插补的数控伺服系统。作用于伺服系统的输入信号除给定输入之外,还有扰动输入。典型的扰动输入有恒值负载扰动、正弦负载扰动、随机性负载扰动以及从检测装置输入的噪声干扰等。

伺服系统的任务主要是尽可能使系统的输出准确地跟随给定输入,同时在各种扰动输入的作用下,对系统跟随精度的影响应当减到最小。

(2) 定位阶跃给定输入时的稳态误差。可以利用前面讲到的稳态误差计算的方法求得位置伺服系统的各种稳态误差数值。对于一阶系统,阶跃输入下的系统稳态误差为零。由于伺服系统电动机的转速到位移之间有一个积分环节,只要输出 $x_L(t)$ 与输入 $u_{sp}(t)$ 不相等,它们之间的偏差电压经放大后就会使电动机旋转,当负载为零时电动机将一直转到偏差电压等于零为止,因此稳态误差为零。如果考虑负载的话,则当电动机输出转矩与负载转矩平衡时工作台停止进给。为了维持这个转动,放大器输入端需要有一定的偏差电压,因而稳态误差不等于零。

# 小结

随动系统是指给定值随时间任意变化的一类自动控制系统。其特点是:①控制量是机械位移或位移的时间函数;②给定值在很大范围内变化;③属于反馈控制;④能使系统的输出量快速、准确地随给定值任意变化;⑤输入功率小,在前向通路中进行功率放大;

⑥能进行远距离控制。

典型的位置随动系统由位置检测器、电压比较放大器、可逆功率放大器及执行机构等组成。位置随动系统中常用的位移检测装置有自整角机、旋转变压器、感应同步器、伺服电位器及光电编码盘等。执行机构由交直流伺服电动机组成。

## 本章习题

1. 位置随动系统要解决的主要问题是什么？试比较位置随动系统和调速系统的异同点。

2. 如果角位移检测装置只能检测角位移的大小，而不能分辨它的极性，位置系统能否正常工作？为什么？

3. 伺服电动机和普通电力拖动电动机在结构和性能要求上有什么不同？

4. 某位置随动系统的开环传递函数 $G(s)=500/[s(0.1s+1)]$。当输入量为下列形式时：①$\theta_r(t)=t$；②$\theta_r(t)=1+2t+t^2$。试计算它们的稳态误差。

# 直流调速系统 MATLAB 仿真

## 引言

本项目应用 MATLAB 的 Simulink 和 SimPower System 工具箱,采用面向电气原理结构的仿真技术,对各种典型的单闭环直流调速及转速电流双闭环系统进行了建模与仿真,从而加深学生对所学理论的理解,提高实践动手能力。开环直流调速系统电气原理结构如图 9-1 所示。

> **想一想**:在项目 5 中在对直流调速系性能统进行分析时,曾系统建立过仿真模型如图 5-4 所示,与图 9-2 所示的仿真模型有何不同?

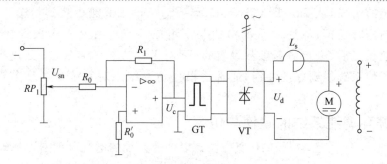

图 9-1 开环直流调速系统电气原理结构图

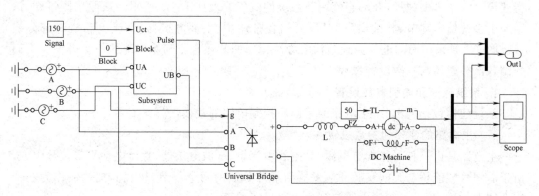

图 9-2 开环直流调速系统的仿真模型

# 任务 9.1　单闭环直流调速系统的 MATLAB 仿真

**【任务引入】**

目前,使用 MATLAB 对控制系统进行计算机仿真的主要方法是:以控制系统的传递函数为基础,使用 MATLAB 的 Simulink 工具箱对其进行仿真研究。本项目中采用了一种面向控制系统电气原理结构图,使用 SimPower System 工具箱进行调速系统仿真的新方法。

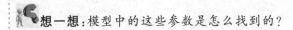

**想一想**:模型中的这些参数是怎么找到的?

**【学习目标】**

(1) 学会使用 Simulink 和 SimPower System 工具箱,按照系统结构图进行系统建模。

(2) 会对各组成环节进行参数设置和优化,对仿真参数进行设置。

(3) 会对仿真结果进行分析。

(4) 加深对系统原理的理解,提高动手能力。

**【任务分析】**

面向电气原理结构的仿真方法如下:首先以调速系统的电气原理结构图为基础,弄清楚系统的组成,从 Simulink 和 SimPower System 工具箱中找到相应的模块,按照系统结构图进行建模;然后对系统中的各个组成环节进行元件参数设置,在完成各环节的参数设置后,进行仿真参数设置;最后对系统进行仿真实验,并进行仿真结果分析。为了使系统得到好的性能,通常要根据仿真结果对系统的各环节进行参数的优化调整。

## 9.1.1　开环调速系统的建模与仿真

由于面向电气原理结构图的仿真方法是以调速系统的电气原理图为基础,按照系统的构成,从 SimPower Systerm 和 Simulink 模块库中找出相对应的模块,按系统的结构进行建模。为了方便建模,开环直流调速系统的电气原理如图 9-1 所示。从原理图可知,该系统由系统给定环节、脉冲出发环节、晶闸管整流桥、平波电抗器、直流电动机等部分组成。图 9-1 是采用面向电气原理结构图方法构作的开环直流调速系统的仿真模型。下面介绍各部分建模与参数设置过程。

**1. 系统建模和模型参数设置**

系统建模包括两部分:主电路的建模和控制电路的建模。

(1) 主电路的建模和参数设置

主电路是由三相对称交流电源、晶闸管整流桥、平波电抗器、直流电动机等部分组成。由于晶闸管整流桥与其同步脉冲触发器为不可分割的两个环节,故我们把他们作为一个组合体来讨论,所以将触发电路归到主电路进行建模。

① 三相对称交流电源的建模与参数设置。首先从图 B-22 的电源(Electrical Sources)模块组中选取 1 个交流电压模块(AC Voltage Source),再用复制的方法得到另外两个电源模块,并用模块标题名称修改方法将模块的标签分别改为 A 相、B 相、C 相;然后从图 B-23元件(Elements)模块中选取"接地"元件进行设置。

为了得到三相对称交流电压源,其参数设置如下。

双击 A 相交流电压源图标,打开电压源参数设置的对话框,A 相交流电源参数设置如图 9-3 所示。幅值取 220V、初相位为 0°、频率为 50Hz、其他为默认值;B、C 相交流电源参数设置方法与 A 相相同,除了将初相位分别设置为 120°和−120°外,其他参数与 A 相均相同。

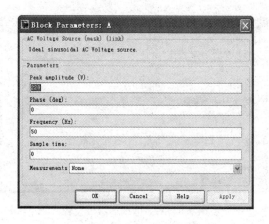

图 9-3　A 相电源参数设置

② 晶闸管整流桥的建模和参数设置。首先从图 B-24 的电力电子(Power Electronics)模块组中选取 Universal Bridge 模块,然后双击模块图标打开 Universal Bridge 参数设置对话框,参数设置如图 9-4 所示。

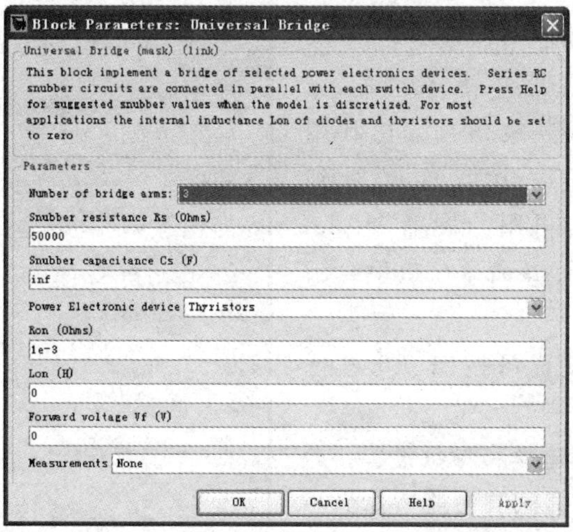

图 9-4　Universal Bridge 参数设置

采用三相整流桥时,桥臂数应取 3,电力电子元件选择晶闸管(Thyristors)。参数设置的原则是:如果是针对某个具体的变流装置进行设置,对话框中的 Rs、Cs、Ron、Lon、Vf 应取该装置中晶闸管元件的实际值;如果是一般情况,这些参数可先选取默认值进行仿真,仿真结果理想,就认可这些参数设置,若仿真结果不理想,则可通过实验,不断进行参数优化,最后确定其参数。这些参数设置原则对其他环节的参数设置也是适用的。

③ 平波电抗器的建模和参数设置。首先从图 B-23 元件模块组中选取 Series RLC Branch 模块,然后打开参数设置对话框,参数设置如图 9-5 所示,类型直接选为电感就可以得到电抗器了。具体参数设置如图 9-5 所示,平波电抗器的电感值是通过仿真实验比较后得到的优化参数。

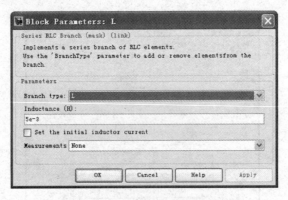

图 9-5　平波电抗器参数设置

④ 直流电动机的模型建立和参数设置。首先从图 B-25 电机系统(Machines)模块组中选取 DC Machines 模块;直流电动机的励磁绕组"F+—F-"接直流恒定励磁电源,励磁电源从图 B-27 的电源模块组中选取直流电压源模块,并将电压参数设置为 220V;电枢绕组"A+—A-"经平波电抗器接晶闸管整流桥的输出;电动机经 TL 端口接恒转矩负载,直流电动机的输出参数有转速 $n$、电枢电流 $I_a$、激磁电流 $I_f$、电磁转矩 $T_e$,分别通过"示波器"模块观察仿真输出和用"out1"模块将仿真输出信息返回到 MATLAB 命令窗口,再用绘图命令 plot (tout,yout)在 MATLAB 命令窗口里绘制出输出图形。

电动机的参数设置可按图 9-6 进行设置。

⑤ 脉冲触发器的建模和参数设置。通常,工程上将触发器和晶闸管整流桥作为一个整体来研究。同步脉冲触发器包括同步电源和 6 脉冲触发器两部分。6 脉冲触发器可

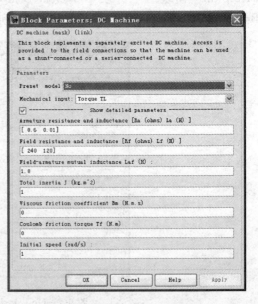

图 9-6　直流电动机的参数设置

从图 B-28 的 Control Blocks 子模块组的附加控制(Extras Control Blocks)子模块组获得,6 脉冲触发器需要用三相线电压同步,所以同步电压源的任务是将三相交流电源的相电压转换成线电压。同步电源与 6 脉冲触发器及封装后的子系统符号如图 9-7 所示。双击 Synchronized 的图标即可进行参数设置,如图 9-8 所示,这些参数也是根据多次仿真得出的优化参数。

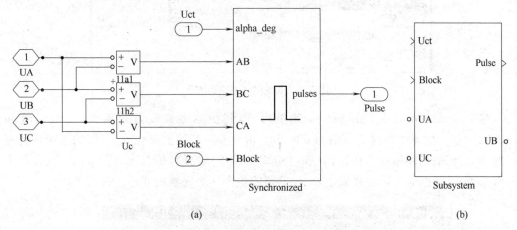

(a)　　　　　　　　　　　　　　　　　　(b)

图 9-7　同步脉冲触发器和封装后的子系统符号

至此,根据图 9-1 所示主电路的连接关系,可建立起主电路的仿真模型,见图 9-2 的前半部分,图中的触发器开关信号 Block 为"0"时,开放触发器;为"1"时,则封锁触发器。

（2）控制电路的建模和参数设置

开环直流调速系统的控制电路只有一个给定环节,它可从图 B-20 的 Source 模块组中选取 Constant 模块,并将模块标签改为 Signal,然后双击该模块,打开参数设置对话框,将参数设置设为 150,表示期望电机的额定转速为 150rad/s。实际上,给定信号是可以在一定范围内调节的,读者可以通过仿真实验,确定给定信号允许的变化范围。此处给定信号的允许范围为[207,110]。

将主电路和控制电路的仿真模型按照开环直流调速系统的电气原理图的连接关系进

行模型连接,即可得到如图 9-2 所示的开环直流调速系统的仿真模型。

**2. 系统的仿真参数设置**

在 MATLAB 中的模型窗口中打开 Simulation 菜单,进行设置,如图 9-9 所示。

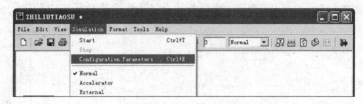

图 9-9　系统仿真参数设置

单击 Configuration Parameters 菜单后,得到仿真参数设置对话框,参数设置如图 9-10所示。仿真中所选的算法为 ode23s。由于实际系统的多样性,不同的系统需要不同的算法,到底采用哪种算法,可以通过仿真实践进行比较,仿真 Start time 一般设置为0,Stop time 则根据实际需要而定,一般只要能仿出一个完整的波形就可以了。

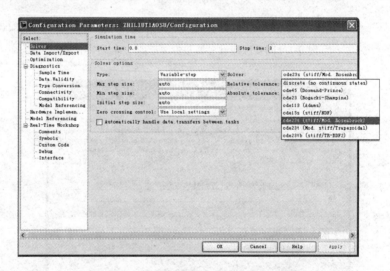

图 9-10　仿真参数设置对话框及参数设置

如果用 out1 模块将仿真模型的信息返回到 MATLAB 命令窗口,再用绘图命令 plot(tout,yout)在 MATLAB 命令窗口里绘制图形,观察仿真输出,图 9-11 中的 Limit data points to last 的值应设置大一点,否则 Figure 输出图形会不完整。

如果通过"示波器"模块观察仿真输出,同样图 9-12 中的 Limit data points to last 的值也要设置大一点。双击示波器的图标后,单击左边第二个图标,就会出现示波器的参数设置对话框。

**3. 系统的仿真、仿真结果的输出及结果分析**

当建模和参数设置完成后,即可开始进行仿真。

在 MATLAB 的模型窗口打开 Simulation 菜单,单击 start 命令后,系统开始进行仿真,仿真结束后可输出仿真结果。

根据图 9-2 的模型,系统有两种输出方式。当采用"示波器"模块观察仿真输出结果

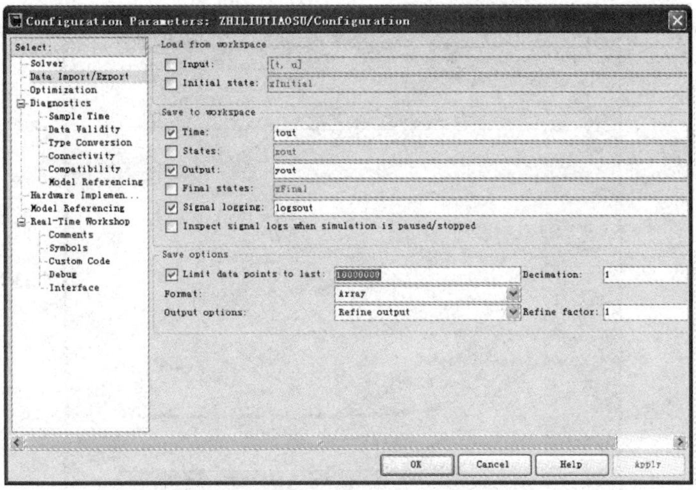

图 9-11　采用 out1 模块输出仿真结果时的 Limit data points to last 的设置

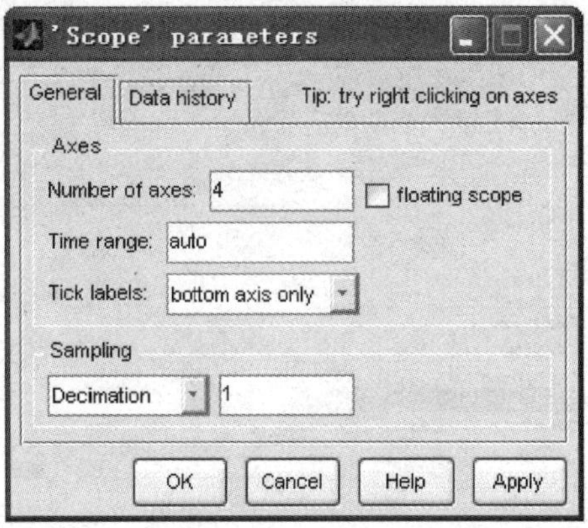

图 9-12　采用"示波器"模块输出仿真结果时的

Limit data points to last 的设置

时,只要在系统模型图上双击"示波器"图标即可;当采用 out1 模块观察仿真输出结果时,可在 MATLAB 的命令窗口输入绘图命令 plot(tout,yout),即可得到未经编辑的 Figure1 输出图形,如图 9-13 所示。

对 Figure1 图形可按下列方法进行编辑。

单击 Figure1 的 Edit 菜单后,可得到图 9-14 的 Edit 下拉菜单,再单击 Axes Properties 命令,可得到图 9-15 的 Property Editor-Axes 对话框,在 Titel 的空白框中可输入图名,在 Grid 处可选择给 Figure1 曲线打格线,在 X Lalbe 的空白框中可编辑 Figure1 输出曲线的横坐标及坐标标签,如图 9-15 所示;同理,可对纵坐标进行编辑,如图 9-16所示。单击输出曲线可对被选中的 Figure1 的输出曲线编辑;在工具栏中选择 Legend 按钮,如图 9-17 所示,可对输出曲线进行注释。最终复制 Figure1 输出曲线,可得到经编辑后的 Figure1 输出图形,如图 9-18 所示。

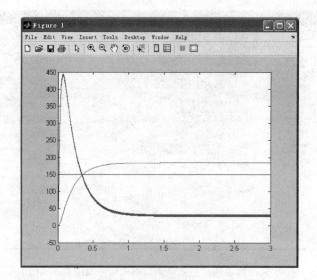

图 9-13 未经编辑的 Figure1 图形

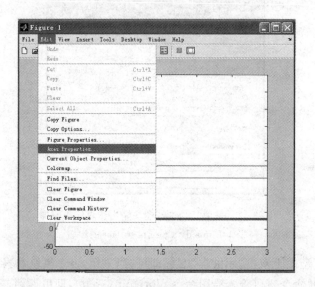

图 9-14 Figure1|Edit 菜单的下拉菜单

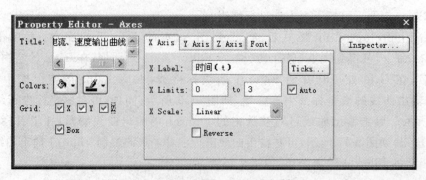

图 9-15 Property Editor-Axes 对话框之一

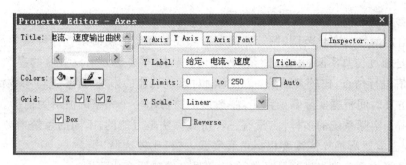

图 9-16　Property Editor-Axes 对话框之二

图 9-17　Legend 按钮选择

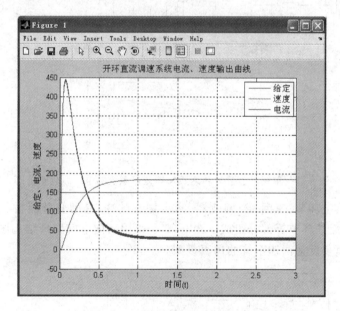

图 9-18　编辑后的 Figure1 图形

　　图 9-18 显示的分别是开环直流调速系统的给定信号、电流和速度输出曲线。可以看出,这个结果和实际电机的运行结果相似,系统的建模与仿真是成功的。

　　下面归纳一下建模和仿真时的一些原则和方法。

　　(1) 系统建模时,将其分成主电路和控制电路两部分分别进行。

　　(2) 在进行参数设置时,晶闸管整流桥、平波电抗器、直流电动机等装置(固有环节)的参数设置原则是:如果针对某个具体的装置进行参数设置,则对话框中的有关参数应取该装置的实际值;如果不是针对某个具体的装置的一般情况,可先取这些装置的参数默认值进行仿真,若仿真结果理想,即可选用这些参数,若仿真结果不理想,则通过仿真实验,不断进行参数优化,最后确定其参数。

(3) 给定信号的变化范围、调节器的参数和反馈环节的反馈系数等可调参数的调整,一般方法是通过仿真实验,不断进行参数优化。具体方法是分别设置这些参数的一个较大和较小值进行仿真,比较其结果,得出他们对系统性能的影响,逐步进行参数优化。

(4) 仿真时间根据实际需要而定,一般以能够仿出一个完整的波形为前提。

(5) 由于实际系统的多样性,没有一种仿真算法是万能的,不同的系统需要不同的仿真算法,到底需要哪种算法需要根据仿真实践,进行比较选择。

(6) 系统仿真前应先进行开环测试,找出 $U_{ct}$ 的单调变化范围。

### 9.1.2　单闭环有静差转速负反馈调速系统的建模与仿真

单闭环有静差转速负反馈调速系统的电气原理结构如图 9-19 所示。

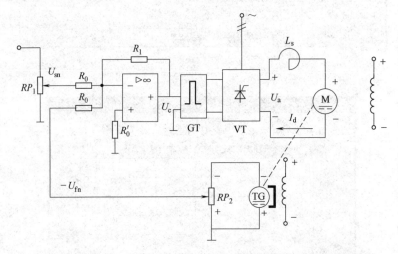

图 9-19　单闭环有静差转速负反馈调速系统的电气原理结构图

该系统由给定环节、速度(P)调节器、同步触发脉冲、晶闸管整流桥、平波电抗器、直流电动机、速度反馈环节等部分组成。图 9-20 是采用面向电气原理结构图方法构作的单闭环有静差转速负反馈调速系统的仿真模型。

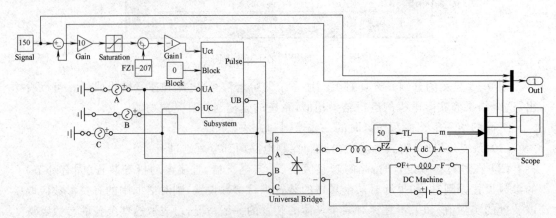

图 9-20　单闭环有静差转速负反馈调速系统的仿真模型

**1. 系统的建模和模型参数设置**

（1）主电路的建模和参数设置

由图 9-20 的仿真模型可知，主电路与开环调速系统相同，只是平波电抗器的电感值设置为 5e-2 H。

（2）控制电路的建模和参数设置

单闭环有静差转速负反馈系统的控制电路由给定信号、速度调节器、速度反馈环节组成，仿真模型中根据需要，另增加了限幅器、偏置、反相器等模块。

"给定信号"模块的建模和参数设置与开环系统相同，参数设置为 150rad/s。有静差调速系统的速度调节器采用比例调节器，系数选择为 10，它是通过仿真优化而得。

通过仿真实践的探索得知：当 $U_{ct}$ 在 110～207 范围内变化时，同步脉冲触发器能够正常工作；当 $U_{ct}$ 为 110 时，整流桥的输出最大；当 $U_{ct}$ 为 207 时，整流桥的输出最小，接近于零，它们是单调下降的函数关系。为此，我们将限幅器的上下限幅值设置为[97,0]，用加法器加上偏置"−207"后调整为[−110,−207]，再经反相器转换为[110,207]。这样，在单闭环有静差系统中通过限幅器、偏置、反相器等模块的应用，就可以将速度调节器的输出限制在使用同步脉冲触发器能够正常工作的范围内了。并且 Usignal 与速度成单调上升的关系，符合人们的习惯。此处给定信号 Usignal 在 0～180rad/s 范围连续可调。

速度调节器、限幅器、偏置、反相器等模块的建模与参数设置都比较简单，只要分别在 Simulink 的图 B-2 Commonly Used Blocks 模块组、图 B-15 Sources 模块组中找到相应的模块，并按要求设置好参数即可。

将主电路和控制电路的仿真模型连接起来，即可得到图 9-20 所示的系统模型。

**2. 系统的仿真参数设置**

系统仿真参数设置方法与开环相同。仿真中所选择的算法为 ode23t；仿真 Start time 为 0，Stop time 为 3，其他与开环相同。

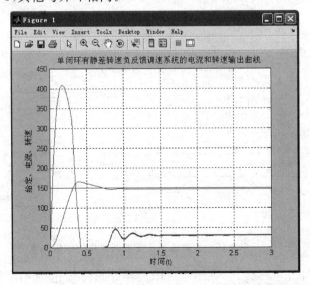

图 9-21　单闭环有静差转速负反馈调速系统的电流和转速曲线

**3. 系统的仿真、仿真结果的输出及结果分析**

当建模和参数设置完成后,即可开始进行仿真。如图 9-21 所示,可以看出转速仿真曲线与给定信号相比是有静差的。

### 9.1.3　无静差转速负反馈调速系统的建模与仿真

**1. 系统的建模和模型参数设置**

单闭环无静差转速负反馈调速系统的电气原理结构图如图 9-22 所示。该系统由给定环节、速度调节器、同步脉冲触发器、晶闸管整流桥、平波电抗器、直流电动机、速度反馈等环节构成。建模时暂不考虑限流环节,其仿真模型如图 9-23 所示。

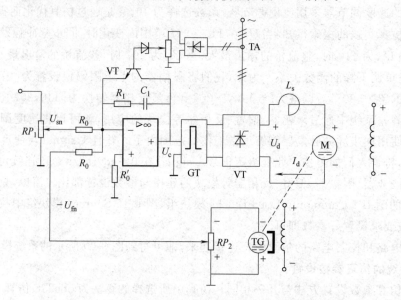

图 9-22　单闭环无静差转速负反馈调速系统的电气原理结构图

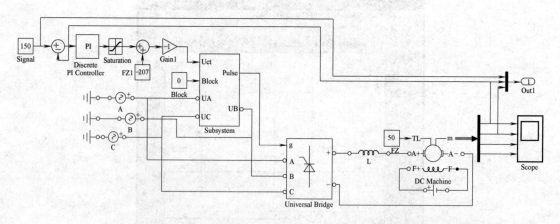

图 9-23　单闭环无静差转速负反馈调速系统的仿真模型

比较图 9-20 和图 9-23 发现,在不考虑限流环节的情况下,这两个仿真模型很相似,主电路完全相同,只是控制电路的转速调节器在无静差调速系统采用了 PI 调节器,PI 调节器可以从本书 212 页中的图 B-32 的模块组中选取。

PI 调节器的 $K_p=2$，$K_i=40$，平波电抗器电感为 5e-3 H，其他参数与前一个系统一样。

**2. 系统的仿真参数设置**

仿真中所选择的算法为 ode23s；仿真 Start time 为 0，Stop time 为 3，其他与前一系统相同。

**3. 系统的仿真、仿真结果的输出及结果分析**

当建模和参数设置完成后，即可开始进行仿真。图 9-24 为单闭环转速无静差转速负反馈调速系统的电流和转速曲线。

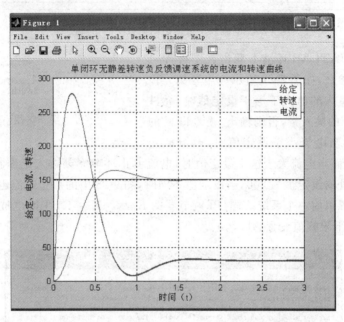

图 9-24    单闭环无静差转速负反馈调速系统的电流和转速曲线

从仿真结果中可以看出：电流开始时有一个突变，但是随着转速的增加电流在逐渐减小；转速经 PI 调节器进行调节，在 1～2 个周期后基本实现了无静差。

通过给定信号参数变化范围的探索，得出给定信号可在 0～170rad/s 内连续可调，且能够实现无静差。

## 9.1.4    电流截止负反馈调速系统的建模与仿真

**1. 系统的建模和模型参数设置**

带电流截止环节的单闭环无静差转速负反馈调速系统的电气原理结构图如图 9-22 所示。该系统有给定环节、速度调节器、同步脉冲触发器、晶闸管整流桥、平波电抗器、直流电动机、速度反馈、限流环节等构成，其仿真模型如图 9-25 所示。

比较图 9-23 和图 9-25，两个主电路完全相同，控制电路中，后者比前者多了图 9-26 所示的环节。

图 9-26 中 Switch 是一个选择开关元件，可以从本书附录 B 的图 B-13 中选取 Switch

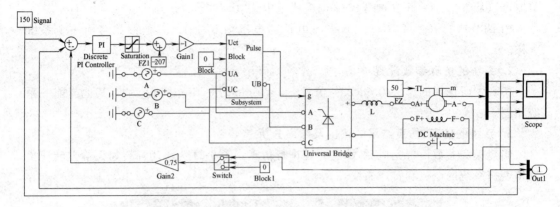

图 9-25　电流截止负反馈调速系统的仿真模型

模块即可,在 MATLAB 环境下双击其图标即可设置其相应的参数,如图 9-27 所示。当开关元件的输入 2 口所输入的值大于等于设定值时,元件输出"输入口 1"的输入量,否则输出"输入口 3"的输入量。于是,当电流小于设定值时,电流截止

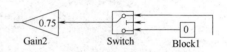

图 9-26　电流截止负反馈环节

环节不起作用;而当电流大于这个设定值时,电流截止环节立刻进入工作状态,参与对系统的调节。此处的设定值为200,当设定值不同时,图 9-28 中的截止电流也不相同。系统的其他参数设置跟前一个系统相同:PI 调节器的 $K_p = 2$,$K_i = 40$,平波电抗器电感为 5e-3 H,限幅器的上下限幅值设置为[97,0]。

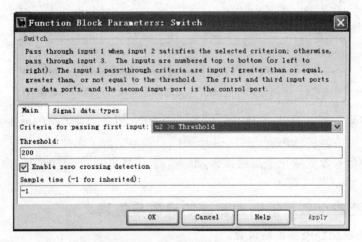

图 9-27　Switch 元件的参数设置

### 2. 系统的仿真参数设置

仿真中所选择的算法为 ode23s;仿真 Start time 为 0,Stop time 为 2,其他与前一系统相同。

### 3. 系统的仿真、仿真结果的输出及结果分析

当建模和参数设置完成后,即可开始进行仿真。图 9-28 为电流截止负反馈调

速系统的电流和转速曲线。从仿真结果可以看出,刚起动时,电流值短时间超过了截止电流一点,随着调节的进一步深入,电枢电流被控制在了 200。当系统的电流值小于 200 时,电流截止环节不参与调节,这时的系统就是一个转速负反馈系统了。

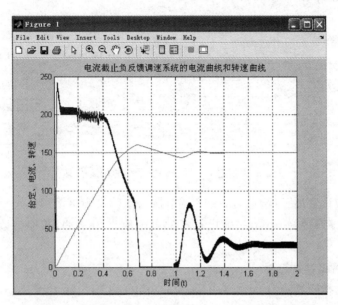

图 9-28    电流截止负反馈调速系统的电流和转速曲线

## 9.1.5    电压反馈调速系统的建模与仿真

### 1. 系统的建模和模型参数设置

电压负反馈调速系统的电气原理结构图如图 9-29 所示。

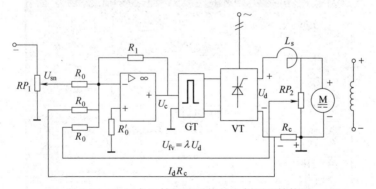

图 9-29    电压负反馈调速系统的电气原理结构图

该系统由给定环节、速度调节器、同步脉冲触发器、晶闸管整流桥、平波电抗器、直流电动机、电压反馈等构成,其仿真模型如图 9-30 所示。

比较图 9-30 与图 9-23 可以看出,两者的主电路完全相同,控制电路的主要差别是反馈信号的取法不同。电压负反馈是从电动机的两端取出电压后,经过一定的处理,进入 PI 调节器。

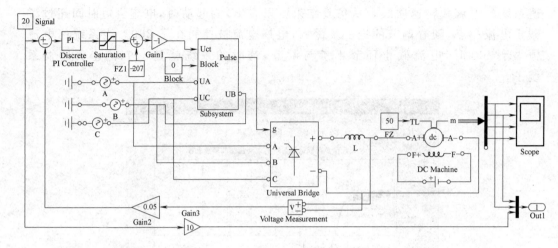

图 9-30  电压负反馈调速系统的仿真模型

系统的参数设置如下:给定为 20;PI 调节器的参数设为 $K_p = 12$,$K_i = 400$,上下限为 [97,0];电压反馈系数为 0.05;平波电抗器的电感值为 9e-2 H,其他参数则和上一系统相同。

### 2. 系统的仿真参数设置

仿真中所选择的算法为 ode23s;仿真 Start time 为 0,Stop time 为 3,其他与前一系统相同。

### 3. 系统的仿真、仿真结果的输出及结果分析

当建模和参数设置完成后,即可开始进行仿真。图 9-31 为电压负反馈调速系统的电流和转速的输出曲线。

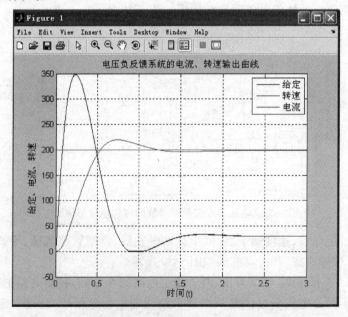

图 9-31  电压负反馈调速系统的电流和转速曲线

电压负反馈调速系统实质上是一个恒压调节系统,通过电压负反馈使电压基本恒定,间接使转速恒定。通常,电压中的交流分量较大,使用电感能消除一部分交流分量。但电感也不能太大,否则会给系统的起动带来困难。由于电动机转动惯量的作用,转速的波动一般不大,如图 9-31 所示。

# 任务 9.2　双闭环直流调速系统的 MATLAB 仿真

## 【任务引入】

由于单闭环系统的启动性时间较长,这对于要求较高的调速系统,已经不能满足要求。为了提高生产效率和加工质量,采用电流和转速双闭环提高系统的快速性能。在该任务中就用 MATLAB 仿真进行分析和验证。

> 想一想:双闭环仿真模型与单闭环有何异同?

## 【学习目标】

(1) 掌握双闭环系统主电路与控制电路的建模与仿真。
(2) 会对仿真结果进行分析。

## 【任务分析】

双闭环系统的主电路与单闭环系统完全相同,两者的区别主要在于控制电路的电流反馈环节。

转速电流双闭环调速系统的建模与仿真如下。

**1. 系统的建模和模型参数设置**

转速电流双闭环调速系统的电气原理结构图如图 9-32 所示。

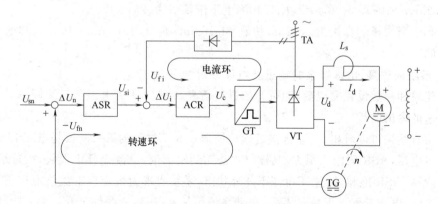

图 9-32　转速电流双闭环调速系统的电气原理结构图

由图 9-32 可知,双闭环调速系统与单闭环调速系统相比的主电路是相同的,它们的差别在于控制电路上,双闭环调速系统更复杂。图 9-33 是采用面向电气原理结构图构作的双闭环系统仿真模型。

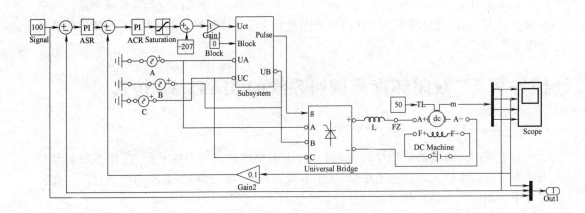

图 9-33　转速电流双闭环调速系统的仿真模型

**2. 系统的建模和模型参数设置**

（1）主电路的建模和参数设置

转速电流双闭环系统的主电路的建模和模型参数设置与单闭环直流调速系统绝大部分相同，只是通过仿真实验的探索，将平波电抗器的电感值修改为9e-3 H。

（2）控制电路的建模和仿真模型

转速电流双闭环系统的主电路包括：给定环节、转速调节器 ASR、电流调节器 ACR、限幅器、偏置电路、反相器、电流反馈环节、转速反馈环节等。限幅器、偏置电路、反相器的作用、建模及参数设置与上一系统相同。

给定环节的参数设置为100rad/s，电流反馈系数为0.1，转速反馈系数为1。

双闭环系统有两个 PI 调节器——ASR 和 ACR。它们的参数设置分别为：ASR，$K_p = 1.2$、$K_i = 10$；ACR，$K_p = 2$、$K_i = 100$，上下限幅值为$[25, -25]$。

仿真中所选择的算法为 ode23s；仿真 Start time 为 0，Stop time 为 1.5，其他与前一系统相同。

**3. 系统的仿真、仿真结果的输出及结果分析**

当建模和参数设置完成后，即可开始进行仿真。图 9-34 为电压负反馈调速系统的电流和转速的输出曲线。

从仿真结果可以看出，它非常接近理论波形。起动过程的第一阶段是电流上升阶段。突加给定电压，ASR 的输入很大，其输出很快达到限幅值，电流上升也很快，接近最大值。第二个阶段，ASR 饱和，转速环相当于开环状态，系统表现为恒定值电流给定作用下的电流调节系统，电流基本上保持了不变，拖动系统恒加速度，转速线性上升。第三阶段，当转速达到给定值后，转速调节器的给定与反馈电压平衡，输入偏差为零，但是由于积分环节的作用，其输出还很大，所以出现超调。转速超调之后，ASR 输入端出现负偏差电压，使它退出饱和状态，进入线性调节阶段，使速度保持恒定。实际仿真结果基本反映了上述过程。

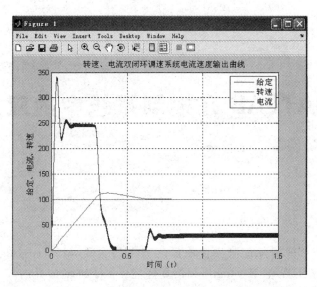

图 9-34　电压负反馈调速系统的电流和转速曲线

# 小结

1. MATLAB 的 Simulink 工具箱是以控制系统的传递函数为基础进行计算机仿真的工具。而使用 SimPower System 工具箱，可面向控制系统的电气原理结构图进行调速系统的建模与仿真。利用电力系统（SimPower System）工具箱，用户不用编程，也不用推导系统的动态数学模型，只需要从工具箱的元件库中复制所需要的元件，按照电气系统的结构进行连接，系统的过程接近实际系统的搭建过程，且元件库中的电气元件能较全面地反映相应实际元件的电气特性，仿真结果的可信度较高。

2. 面向电气原理结构图的仿真方法如下：首先以调速系统的电气原理结构图为基础，弄清楚系统的构成，从 SimPower System 和 Simulink 模块库中找到相应的模块，按照系统的结构进行建模；然后对系统中的各组成环节进行参数设置，在完成各环节的参数设置后，进行系统的仿真参数的设置；最后对系统进行仿真实验，并进行仿真结果分析。为了使系统得到良好的性能，通常要根据仿真结果来对系统的各个环节进行参数的优化调整。

在本项目的各种直流调速系统的主电路大致相同，主要由交流电源、同步脉冲触发器、晶闸管整流桥、平波电抗器、直流电动机等部分组成，不同系统的区别主要在于其控制电路的建模，这些控制电路需要根据系统的具体结构去分析。

# 附录 A

# MATLAB 在控制系统中的应用

　　MATLAB 是目前国际控制界使用最广的工具软件，MATLAB 的 Control System Toolbox(控制系统工具箱)和 Simulink 仿真环境提供了许多仿真函数与模块，用于对控制系统的仿真和分析。几乎所有的控制理论与应用分支中都会用到 MATLAB 工具箱。

　　控制系统的传递函数模型包括有理函数模型、零极点模型、反馈模型等多种，可以通过 MATLAB 建立系统的任意传递函数模型，并能够对该系统进行线性稳定性分析和动态特性分析，下面就用实例说明 MATLAB 在控制系统中的应用。

**1. 用 MATLAB 建立传递函数模型**

(1) 有理函数模型

线性系统的传递函数模型可一般地表示为

$$G(s) = \frac{b_1 s^m + b_2 s^{m-1} + \cdots + b_m s + b_{m+1}}{s^n + a_1 s^{n-1} + \cdots + a_{n-1} s + a_n} \qquad n \geqslant m \qquad \text{(A-1)}$$

将系统的分子和分母多项式的系数按降幂的方式以向量的形式输入给两个变量 num 和 den，就可以轻易地将传递函数模型输入到 MATLAB 环境中。命令格式为

num=$[b_1, b_2, \cdots, b_m, b_{m+1}]$
den=$[1, a_1, a_2, \cdots, a_{n-1}, a_n]$

在 MATLAB 控制系统工具箱中，定义了 tf( ) 函数，它可由传递函数分子分母给出的变量构造出单个的传递函数对象，从而使得系统模型的输入和处理更加方便。

该函数的调用格式为

G=tf(num,den)

【例 A-1】　一个简单的传递函数模型:

$$G(s) = \frac{s+5}{s^4 + 2s^3 + 3s^2 + 4s + 5}$$

可以由下面的命令输入到 MATLAB 工作空间中去。

```
>>   num=[1,5];
     den=[1,2,3,4,5];
     G=tf(num,den)
```

运行结果：

Transfer function：

s+5

---

s^4+2s^3+3s^2+4s+5

这时对象 G 可以用来描述给定的传递函数模型，作为其他函数调用的变量。

【例 A-2】 一个稍微复杂一些的传递函数模型：

$$G(s)=\frac{6(s+5)}{(s^2+3s+1)^2(s+6)}$$

该传递函数模型可以通过下面的语句输入到 MATLAB 工作空间。

```
>> num=6*[1,5];
    den=conv(conv([1,3,1],[1,3,1]),[1,6]);
    tf(num,den)
```

运行结果：

Transfer function：
6 s+30

---

s^5+12 s^4+47 s^3+72 s^2+37 s+6

其中 conv()函数（标准的 MATLAB 函数）用来计算两个向量的卷积，多项式乘法当然也可以用这个函数来计算。该函数允许任意的多层嵌套，从而表示复杂的计算。

（2）零极点模型

线性系统的传递函数还可以写成极点的形式：

$$G(s)=K\frac{(s+z_1)(s+z_2)\cdots(s+z_m)}{(s+p_1)(s+p_2)\cdots(s+p_n)} \tag{A-2}$$

将系统增益、零点和极点以向量的形式输入给三个变量 $KGain$、$Z$ 和 $P$，就可以将系统的零极点模型输入到 MATLAB 工作空间中，命令格式为

```
KGain=K;
Z=[-z_1;-z_2;\cdots;-z_m];
P=[-p_1;-p_2;\cdots;-p_n];
```

在 MATLAB 控制工具箱中，定义了 zpk()函数，由它可通过以上三个 MATLAB 变量构造出零极点对象，用于简单地表述零极点模型。该函数的调用格式为

```
G=zpk(Z,P,KGain)
```

【例 A-3】 某系统的零极点模型为

$$G(s)=6\frac{(s+1.9294)(s+0.0353\pm0.9287j)}{(s+0.9567\pm1.2272j)(s-0.0433\pm0.6412j)}$$

该模型可以由下面的语句输入到 MATLAB 工作空间中。

```
>> KGain=6;
    z=[-1.9294;-0.0353+0.9287j;-0.0353-0.9287j];
```

p=[−0.9567+1.2272j;−0.9567−1.2272j;0.0433+0.641　2j;0.0433−0.6412j];

G=zpk(Z,P,KGain)

运行结果：

Zero/pole/gain：

6 (s+1.929) (s^2+0.0706s+0.8637)

--------------------------------------------

(s^2−0.0866s+0.413) (s^2+1.913s+2.421)

注意：对于单变量系统，其零极点均是用列向量
来表示的，故 $Z$、$P$ 向量中各项均用分号（;）隔开。

（3）反馈系统结构图模型

设反馈系统结构图如图 A-1 所示。

控制系统工具箱中提供了 feedback() 函数，用来
求取反馈连接下总的系统模型，该函数调用格式
如下：

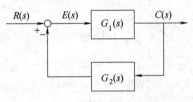

图 A-1　反馈系统结构图

G=feedback(G1,G2,sign);

其中变量 sign 用来表示正反馈或负反馈结构，若 sign=−1 表示负反馈系统的模型，
若省略 sign 变量，则仍将表示负反馈结构。G1 和 G2 分别表示前向模型和反馈模型的
LTI（线性时不变）对象。

【例 A-4】　若反馈系统图 A-1 中的两个传递函数分别为

$$G_1(s)=\frac{1}{(s+1)^2}, \qquad G_2(s)=\frac{1}{s+1}$$

则反馈系统的传递函数可由下列的 MATLAB 命令得出

```
>>　G1=tf(1,[1,2,1]);
    G2=tf(1,[1,1]);
    G=feedback(G1,G2)
```

运行结果：

Transfer function：

s+1

-------------------

s^3+3 s^2+3 s+2

若采用正反馈连接结构输入命令

```
>> G=feedback(G1,G2,1)
```

则得出如下结果：

Transfer function：

s+1

----------------

s^3+3 s^2+3 s

**【例 A-5】**　若反馈系统为更复杂的结构如图 A-2 所示。其中

$$G_1(s)=\frac{s^3+7s^2+24s+24}{s^4+10s^3+35s^2+50s+24}, \quad G_2(s)=\frac{10s+5}{s}, \quad H(s)=\frac{1}{0.01s+1}$$

则闭环系统的传递函数可以由下面的 MATLAB 命令得出

```
>>  G1=tf([1,7,24,24],[1,10,35,50,24]);
    G2=tf([10,5],[1,0]);
    H=tf([1],[0.01,1]);
    G_a=feedback(G1*G2,H)
```

得到结果：

Transfer function：

0.1 s^5+10.75 s^4+77.75 s^3+278.6 s^2+361.2 s+120

--------------------------------------------------------------------------------

0.01 s^6+1.1 s^5+20.35 s^4+110.5 s^3+325.2 s^2+384 s+120

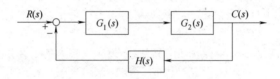

图 A-2　复杂反馈系统

(4) 有理分式模型与零极点模型的转换

有了传递函数的有理分式模型之后，求取零极点模型就不是一件困难的事情了。在控制系统工具箱中，可以由 zpk() 函数立即将给定的 LTI 对象 G 转换成等效的零极点对象 G1。该函数的调用格式为

G1=zpk(G)

**【例 A-6】**　给定系统传递函数为

$$G(s)=\frac{6.8s^2+61.2s+95.2}{s^4+7.5s^3+22s^2+19.5s}$$

对应的零极点格式可由下面的命令得出

```
>>  num=[6.8,61.2,95.2];
    den=[1,7.5,22,19.5,0];
    G=tf(num,den);
    G1=zpk(G)
```

显示结果：

Zero/pole/gain：

6.8 (s+7) (s+2)

----------------------------------

s(s+1.5)(s^2+6s+13)

可见,在系统的零极点模型中若出现复数值,则在显示时将以二阶因子的形式表示相应的共轭复数对。

同样,对于给定的零极点模型,也可以直接由 MATLAB 语句立即得出等效传递函数模型。调用格式为

G1＝tf(G)

【例 A-7】 给定零极点模型:

$$G(s)=6.8\frac{(s+2)(s+7)}{s(s+3\pm j2)(s+1.5)}$$

可以用下面的 MATLAB 命令立即得出其等效的传递函数模型。输入程序的过程中要注意大小写。

```
>>  Z=[-2,-7];
    P=[0,-3-2j,-3+2j,-1.5];
    K=6.8;
    G=zpk(Z,P,K);
    G1=tf(G)
```

结果显示:

Transfer function:
6.8 s^2+61.2 s+95.2
-----------------------------------------
s^4+7.5 s^3+22 s^2+19.5 s

**2. 利用 MATLAB 进行时域分析**

(1) 线性系统稳定性分析

线性系统稳定的充要条件是系统的特征根均位于 $s$ 平面的左半部分。系统的零极点模型可以直接被用来判断系统的稳定性。另外,MATLAB 语言中提供了有关多项式的操作函数,也可以用于系统的分析和计算。

① 直接求特征多项式的根。设 $p$ 为特征多项式的系数向量,则 MATLAB 函数 roots()可以直接求出方程 $p=0$ 在复数范围内的解 $v$,该函数的调用格式为

v＝roots(p)

【例 A-8】 已知系统的特征多项式为

$$x^5+3x^3+2x^2+x+1$$

特征方程的解可由下面的 MATLAB 命令得出。

```
>>  p=[1,0,3,2,1,1];
    v=roots(p)
```

结果显示:

v =
    0.3202+1.7042i

0.3202−1.7042i
−0.7209
0.0402＋0.6780i
0.0402−0.6780i

利用多项式求根函数 roots()，可以很方便地求出系统的零点和极点，然后根据零极点分析系统稳定性和其他性能。

② 由根创建多项式。如果已知多项式的因式分解式或特征根，可由 MATLAB 函数 poly()直接得出特征多项式系数向量，其调用格式为

p＝poly(v)

如例 4-8 中

v＝[0.3202＋1.7042i;0.3202−1.7042i;
−0.7209;0.0402＋0.6780i; 0.0402−0.6780i];
>> p＝poly(v)

结果显示：

p ＝
　1.0000　　−0.0000　　3.0000　　2.0000　　1.0000　　1.0000

由此可见，函数 roots()与函数 poly()是互为逆运算的。

③ 多项式求值。在 MATLAB 中通过函数 polyval()可以求得多项式在给定点的值，该函数的调用格式为

olyval(p,x)

对于上例中的 $p$ 值，求取多项式在 $x$ 点的值，可输入如下命令：

>>　p＝[1,0,3,2,1,1];
　　x＝1
　　polyval(p,x)

结果显示：

ans＝
　8

④ 部分分式展开。考虑下列传递函数：

$$\frac{M(s)}{N(s)}＝\frac{\text{num}}{\text{den}}＝\frac{b_0 s^n＋b_1 s^{n-1}＋\cdots＋b_n}{a_0 s^n＋a_1 s^{n-1}＋\cdots＋a_n} \tag{A-3}$$

式中 $a_0 \neq 0$，但是 $a_i$ 和 $b_j$ 中某些量可能为零。

MATLAB 函数可将 $\dfrac{M(s)}{N(s)}$ 展开成部分分式，直接求出展开式中的留数、极点和余项。该函数的调用格式为

[r,p,k]＝residue(num,den)

则 $\dfrac{M(s)}{N(s)}$ 的部分分式展开由下式给出：

$$\frac{M(s)}{N(s)}=\frac{r(1)}{s-p(1)}+\frac{r(2)}{s-p(2)}+\cdots+\frac{r(n)}{s-p(n)}+k(s) \qquad (A-4)$$

式中：$p(1)=-p_1,p(2)=-p_2,\cdots,p(n)=-p_n$，为极点；$r(1)=-r_1,r(2)=-r_2,\cdots,r(n)=-r_n$ 为各极点的留数；$k(s)$ 为余项。

**【例 A-9】**  设传递函数为

$$G(s)=\frac{2s^3+5s^2+3s+6}{s^3+6s^2+11s+6}$$

该传递函数的部分分式展开由以下命令获得

```
>> num=[2,5,3,6];
   den=[1,6,11,6];
   [r,p,k]=residue(num,den)
```

命令窗口中显示如下结果：

| r= | p= | k= |
|---|---|---|
| −6.0000 | −3.0000 | 2 |
| −4.0000 | −2.0000 | |
| 3.0000 | −1.0000 | |

式中：列向量 r 为留数，列向量 p 为极点，行向量 k 为余项。

由此可得出部分分式展开式：

$$G(s)=\frac{-6}{s+3}+\frac{-4}{s+2}+\frac{3}{s+1}+2$$

该函数也可以逆向调用，把部分分式展开转变回多项式 $\frac{M(s)}{N(s)}$ 之比的形式，命令格式为

```
[num,den]=residue(r,p,k)
```

对上例有

```
>> [num,den]=residue(r,p,k)
```

结果显示：

```
num=
    2.0000   5.0000   3.0000   6.0000
den=
    1.0000   6.0000   11.0000   6.0000
```

应当指出，如果 $p(j)=p(j+1)=\cdots=p(j+m-1)$，则极点 $p(j)$ 是一个 $m$ 重极点。在这种情况下，部分分式展开式将包括下列诸项：

$$\frac{r(j)}{s-p(j)}+\frac{r(j+1)}{[s-p(j)]^2}+\cdots+\frac{r(j+m-1)}{[s-p(j)]^m}$$

**【例 A-10】**  设传递函数为

$$G(s)=\frac{s^2+2s+3}{(s+1)^3}=\frac{s^2+2s+3}{s^3+3s^2+3s+1}$$

则部分分式展开由以下命令获得

```
>> v=[-1,-1,-1]
   num=[0,1,2,3];
   den=poly(v);
   [r,p,k]=residue(num,den)
```

结果显示:

```
r=
   1.0000
   0.0000
   2.0000
p=
   -1.0000
   -1.0000
   -1.0000
k=
   [ ]
```

其中,由 poly()命令将分母化为标准降幂排列多项式系数向量 den,$k=[\ ]$为空矩阵。由上可得展开式为

$$G(s)=\frac{1}{s+1}+\frac{0}{(s+1)^2}+\frac{2}{(s+1)^3}+0$$

⑤ 由传递函数求零点和极点。在 MATLAB 控制系统工具箱中,给出了由传递函数对象 G 求出系统零点和极点的函数,其调用格式分别为

```
Z=tzero(G)
P=G1.P{1}
```

注意:格式中要求的 G 必须是零极点模型对象,且出现了矩阵的点运算"·"和大括号{}表示的矩阵元素。

【例 A-11】　已知传递函数为

$$G(s)=\frac{6.8s^2+61.2s+95.2}{s^4+7.5s^3+22s^2+19.5s}$$

输入如下命令:

```
>>num=[6.8,61.2,95.2];
  den=[1,7.5,22,19.5,0];
  G=tf(num,den);
  G1=zpk(G);
  Z=tzero(G)
  P=G1.P{1}
```

结果显示:

Z =

  −7

  −2

P =

  0

  −3.0000+2.0000i

  −3.0000−2.0000i

  −1.5000

其结果与例 A-8 完全一致。

⑥ 零极点分布图。在 MATLAB 中,可利用 pzmap()函数绘制连续系统的零、极点图,从而分析系统的稳定性,该函数调用格式为

pzmap(num,den)

【例 A-12】　给定传递函数:

$$G(s)=\frac{3s^4+2s^3+5s^2+4s+6}{s^5+3s^4+4s^3+2s^2+7s+2}$$

利用下列命令可自动打开一个图形窗口,显示该系统的零、极点分布图,如图 A-3 所示。

```
>> num=[3,2,5,4,6];
   den=[1,3,4,2,7,2];
   pzmap(num,den)
```

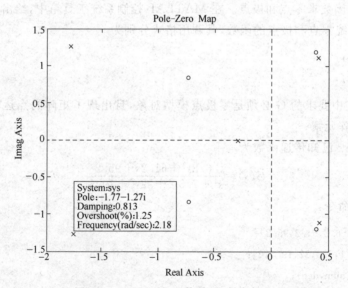

图 A-3　MATLAB 函数零、极点分布图

（2）系统动态特性分析

① 时域响应解析算法——部分分式展开法。用拉氏变换法求系统的单位阶跃响应,可直接得出输出 $c(t)$ 随时间 $t$ 变化的规律,对于高阶系统,输出的拉氏变换象函数为

$$C(s)=G(s)\cdot\frac{1}{s}=\frac{\text{num}}{\text{den}}\cdot\frac{1}{s} \tag{A-5}$$

对函数 $c(s)$ 进行部分分式展开，我们可以用 num，[den，0] 来表示 $c(s)$ 的分子和分母。

【例 A-13】　给定系统的传递函数：

$$G(s)=\frac{s^3+7s^2+24s+24}{s^4+10s^3+35s^2+50s+24}$$

用以下命令对 $\dfrac{G(s)}{s}$ 进行部分分式展开。

```
>> num=[1,7,24,24]
   den=[1,10,35,50,24]
   [r,p,k]=residue(num,[den,0])
```

输出结果为

| r= | p= | k= |
|---|---|---|
| −1.0000 | −4.0000 | [　] |
| 2.0000 | −3.0000 | |
| −1.0000 | −2.0000 | |
| −1.0000 | −1.0000 | |
| 1.0000 | 0 | |

输出函数 $C(s)$ 为

$$C(s)=\frac{-1}{s+4}+\frac{2}{s+3}-\frac{1}{s+2}-\frac{1}{s+1}+\frac{1}{s}+0$$

拉氏反变换得

$$c(t)=-\mathrm{e}^{-4t}+2\mathrm{e}^{-3t}-\mathrm{e}^{-2t}-\mathrm{e}^{-t}+1$$

② 单位阶跃响应的求法。控制系统工具箱中给出了一个函数 step() 来直接求取线性系统的阶跃响应，如果已知传递函数为

$$G(s)=\frac{\text{num}}{\text{den}} \tag{A-6}$$

则该函数可有以下几种调用格式：

step(num,den)

step(num,den,t)

或

step(G)

step(G,t)

该函数将绘制出系统在单位阶跃输入条件下的动态响应图，同时给出稳态值。格式中的 t 为图像显示的时间长度，是用户指定的时间向量。格式中的显示时间由系统根据输出曲线的形状自行设定。

如果需要将输出结果返回到 MATLAB 工作空间中,则采用以下调用格式:

c＝step(G)

此时,屏上不会显示响应曲线,必须利用 plot()命令去查看响应曲线。plot 可以根据两个或多个给定的向量绘制二维图形。

【例 A-14】　已知传递函数为

$$G(s)=\frac{25}{s^2+4s+25}$$

利用以下 MATLAB 命令可得阶跃响应曲线如图 A-4 所示。

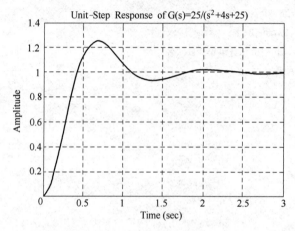

图 A-4　MATLAB 绘制的响应曲线

```
>> num=[0,0,25];
   den=[1,4,25];
   step(num,den)
   grid　% 绘制网格线
title('Unit-Step Response of G(s)=25/(s^2+4s+25)')　%图像标题
```

我们还可以用下面的语句来得出阶跃响应曲线。

```
>> G=tf([0,0,25],[1,4,25]);
   t=0:0.1:5;　% 从 0 到 5 每隔 0.1 取一个值
   c=step(G,t);　% 动态响应的幅值赋给变量 c
   plot(t,c)　% 绘二维图形,横坐标取 t,纵坐标取 c
   Css=dcgain(G)　% 求取稳态值
```

系统显示的图形类似于上一个例子,在命令窗口中显示了如下结果:

Css＝

　1

③ 求阶跃响应的性能指标。MATLAB 提供了强大的绘图计算功能,可以用多种方法求取系统的动态响应指标。首先介绍一种最简单的方法——游动鼠标法。对于例 A-14,在程序运行完毕后,单击时域响应图线任意一点,系统会自动跳出一个小方框,

小方框显示了这一点的横坐标(时间)和纵坐标(幅值)。按住鼠标左键在曲线上移动,可以找到曲线幅值最大的一点——曲线最大峰值,此时小方框中显示的时间就是此二阶系统的峰值时间,根据观察到的稳态值和峰值可以计算出系统的超调量。系统的上升时间和稳态响应时间可以此类推。这种方法简单易用,但同时应注意它不适用于用 plot( ) 命令画出的图形。

另一种比较常用的方法就是用编程方式求取时域响应的各项性能指标。与上一段介绍的游动鼠标法相比,编程方法稍微复杂,但通过下面的学习,读者可以掌握一定的编程技巧,能够将控制原理知识和编程方法相结合,自己编写一些程序,获取一些较为复杂的性能指标。

通过前面的学习,我们已经可以用阶跃响应函数 step( )获得系统输出量,若将输出量返回到变量 $y$ 中,可以调用如下格式

$$[y,t] = step(G)$$

该函数还同时返回了自动生成的时间变量 $t$,对返回的这一对变量 $y$ 和 $t$ 的值进行计算,可以得到时域性能指标。

a. 峰值时间(time to peak)可由以下命令获得:

$$[Y,k] = max(y)$$
$$timetopeak = t(k)$$

应用取最大值函数 max()求出 $y$ 的峰值及相应的时间,并存于变量 $Y$ 和 $k$ 中。然后在变量 $t$ 中取出峰值时间,并将它赋给变量 timetopeak。

b. 最大(百分比)超调量(percentovershoot)可由以下命令得到:

$$C = dcgain(G)$$
$$[Y,k] = max(y)$$
$$percentovershoot = 100 * (Y-C)/C$$

dcgain()函数用于求取系统的终值,将终值赋给变量 $C$,然后依据超调量的定义,由 $Y$ 和 $C$ 计算出百分比超调量。

c. 上升时间(risetime)可利用 MATLAB 中控制语句编制 M 文件来获得。首先简单介绍一下循环语句 while 的使用。

while 循环语句的一般格式为

```
while<循环判断语句>
        循环体
end
```

其中,循环判断语句为某种形式的逻辑判断表达式。

当表达式的逻辑值为真时,就执行循环体内的语句;当表达式的逻辑值为假时,就退出当前的循环体。如果循环判断语句为矩阵时,当且仅当所有的矩阵元素非零时,逻辑表达式的值为真。为避免循环语句陷入死循环,在语句内必须有可以自动修改循环控制变量的命令。

要求出上升时间,可以用 while 语句编写以下程序得到

```
C=dcgain(G);
n=1;
    while y(n)<C
        n=n+1;
    end
risetime=t(n)
```

在阶跃输入条件下,$y$ 的值由零逐渐增大,当以上循环满足 $y=C$ 时,退出循环,此时对应的时刻即为上升时间。

对于输出无超调的系统响应,上升时间定义为输出从稳态值的 $10\%$ 上升到 $90\%$ 所需时间,则计算程序如下。

```
C=dcgain(G);
n=1;
    while y(n)<0.1*C
        n=n+1;
    end
m=1;
    while y(n)<0.9*C
        m=m+1;
    end
risetime=t(m)-t(n)
```

d. 调节时间(setllingtime)可由 while 语句编程得到:

```
C=dcgain(G);
i=length(t);
    while(y(i)>0.98*C)&(y(i)<1.02*C)
    i=i-1;
end
setllingtime=t(i)
```

用向量长度函数 length( )可求得 $t$ 序列的长度,将其设定为变量 $i$ 的上限值。

【例 A-15】 已知二阶系统传递函数为

$$G(s)=\frac{3}{(s+1-3i)(s+1+3i)}$$

利用下面的 stepanalysis. m 程序可得到阶跃响应如图 A-5 及性能指标数据。

```
>> G=zpk([ ],[-1+3*i,-1-3*i],3);    % 计算最大峰值时间和它对应的超调量
    C=dcgain(G)
    [y,t]=step(G);
    plot(t,y)
    grid
```

```
[Y,k]=max(y);
timetopeak=t(k)
percentovershoot=100*(Y-C)/C        % 计算上升时间
n=1;
while y(n)<C
        n=n+1;
end
risetime=t(n)           % 计算稳态响应时间
i=length(t);
while(y(i)>0.98*C)&(y(i)<1.02*C)
        i=i-1;
    end
setllingtime=t(i)
```

运行后的响应图如图 A-5,命令窗口中显示的结果为

C=                        timetopeak=

　0.3000                                 1.0491

percentovershoot=              risetime=

　　　　　35.0914                      0.6626

setllingtime=

　　　3.5337

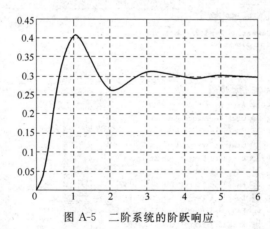

图 A-5　二阶系统的阶跃响应

# 附录 B

# Simulink/Simpower System 工具箱资源及 MATLAB 仿真基础

Simulink 工具箱的功能是在 MATLAB 环境下,把一系列模块连接起来,构成复杂的系统模型;电力系统工具(Simpower System)是在 Simulink 环境下使用的仿真工具箱,其功能非常强大,可用于电路、电力电子、电机系统、电力传输等领域的仿真,它提供了一种类似电路搭建的方法用于系统建模。

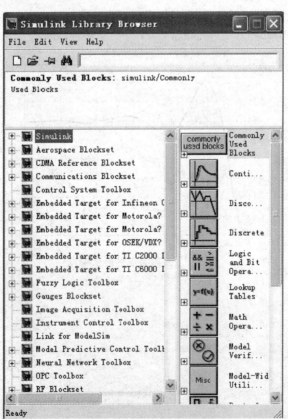

图 B-1　Simulink 模块库界面

### 1. Simulink 工具箱简介

在 MATLAB 命令窗口中输入 Simulink 命令，或单击 MATLAB 工具栏中的 Simulink 图标，则可打开 Simulink 工具箱窗口，如图 B-1 所示。

在图 B-1 所示的界面左侧可以看到，整个 Simulink 工具箱是由若干个模块组成的。在标准的 Simulink 工具箱中，包含 Commonly Used Blocks、Continuous、Discontinuities、

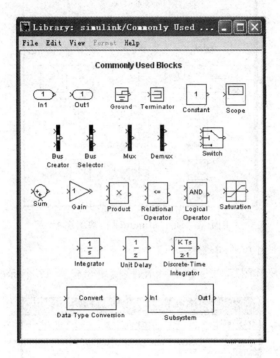

图 B-2　Commonly Used Blocks 模块组图标

Discrete、Logic and Bit Operation、Lookup Tables、Math Operations、Model Verification、Model-Wide Utilities、Ports&Subsystems、Signal Attributes、Signal Routing、Sinks、Sources 和 User Defined Function 等模块组。下面将对各模块组进行介绍。

(1) Commonly Used Blocks 模块组及其图标

Commonly Used Blocks 模块组及其图标如图 B-2 所示，该模块组包含 22 个标准基本模块。

(2) Continuous 模块组及其图标

Continuous 模块组及其图标如图 B-3 所示，该模块组包含 8 个标准基本模块。

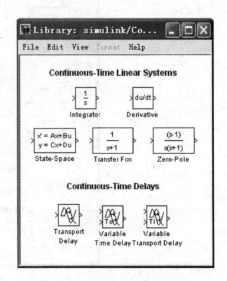

图 B-3　Continuous 模块组图标

（3）Discontinuities 模块组及其图标

Discontinuities 模块组及其图标如图 B-4 所示，该模块组包含 12 个标准基本模块。

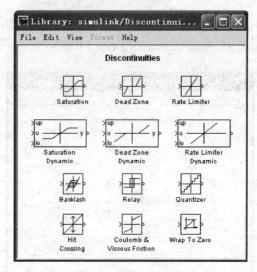

图 B-4　Discontinuities 模块组图标

（4）Discrete 模块组及其图标

Discrete 模块组及其图标如图 B-5 所示，该模块组包含 17 个标准基本模块。

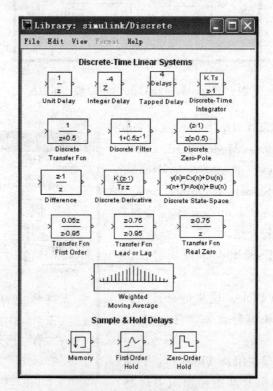

图 B-5　Discrete 模块组图标

(5) Logic and Bit Operation 模块组及其图标

Logic and Bit Operation 模块组及其图标如图 B-6 所示,该模块组包含 19 个标准基本模块。

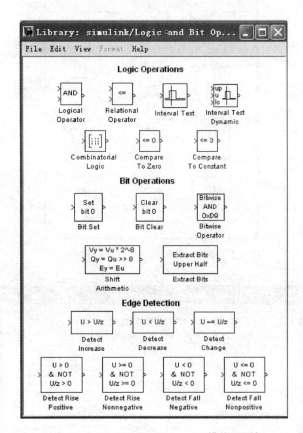

图 B-6 Logic and Bit Operation 模块组图标

(6) Lookup Tables 模块组及其图标

Lookup Tables 模块组及其图标如图 B-7 所示,该模块组包含 9 个标准基本模块。

(7) Math Operations 模块组及其图标

Math Operations 模块组及其图标如图B-8所示,该模块组包含 30 个标准基本模块。

(8) Model Verification 模块组及其图标

Model Verification 模块组及其图标如图 B-9 所示,该模块组包含 11 个标准基本模块。

(9) Model-Wide Utilities 模块组及其图标

Model-Wide Utilities 模块组及其图标如图 B-10 所示,该模块组包含 5 个标准基本模块。

(10) Ports&Subsystems 模块组及其图标

Ports&Subsystems 模块组及其图标如图 B-11 所示,该模块组包含 21 个标准基本模块。

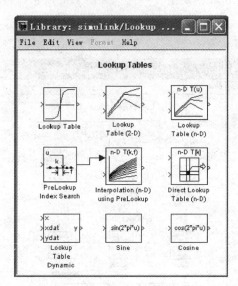

图 B-7　Lookup Tables 模块组图标

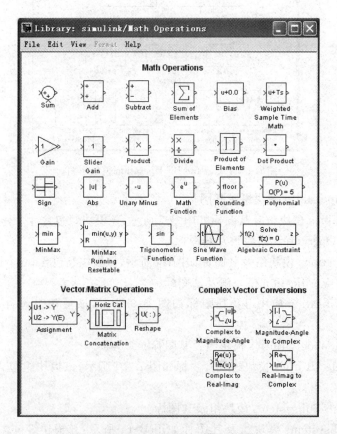

图 B-8　Math Operations 模块组图标

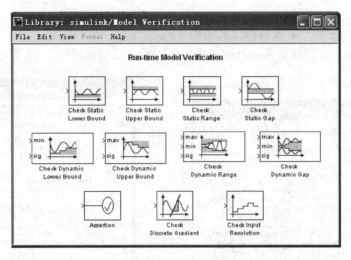

图 B-9 Model Verification 模块组图标

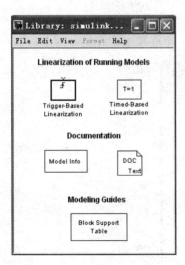

图 B-10 Model-Wide Utilities
模块组图标

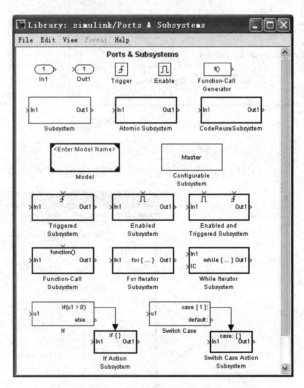

图 B-11 Ports&Subsystems 模块组图标

（11）Signal Attributes 模块组及其图标

Signal Attributes 模块组及其图标如图 B-12 所示，该模块组包含 22 个标准基本模块。

（12）Signal Routing 模块组及其图标

Signal Routing 模块组及其图标如图 B-13 所示，该模块组包含 18 个标准基本模块。

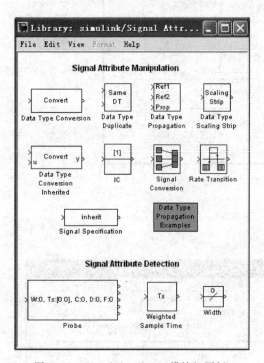

图 B-12　Signal Attributes 模块组图标

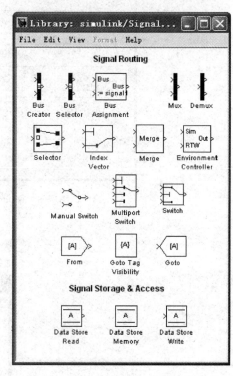

图 B-13　Signal Routing 模块组图标

（13）Sinks 模块组及其图标

Sinks 模块组及其图标如图 B-14 所示，该模块组包含 9 个标准基本模块。

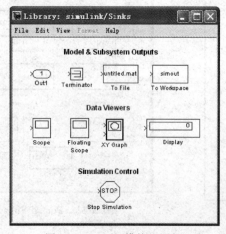

图 B-14　Sinks 模块组图标

（14）Sources 模块组及其图标

Sources 模块组及其图标如图 B-15 所示，该模块组包含 22 个标准基本模块。

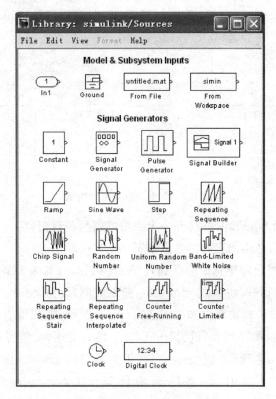

图 B-15　Sources 模块组图标

（15）User-Defined Function 模块组及其图标

User-Defined Function 模块组及其图标如图 B-16 所示，该模块组包含 7 个标准基本

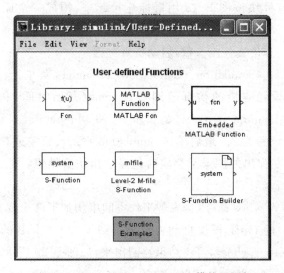

图 B-16　User Defined Function 模块组图标

模块。

此外,Simulink 工具箱中还有一个 Additional Math and Discrete 模块。

**【例 B-1】** 典型二阶系统的结构图如图 B-17 所示。用 Simulink 对系统进行仿真分析。

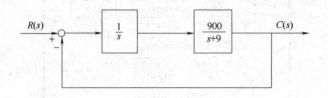

图 B-17　典型二阶系统结构图

按前面步骤,启动 Simulink 并打开一个空白的模型编辑窗口。

① 画出所需模块,并给出正确的参数如下。

a. 在 Sources 子模块库中选中阶跃输入(Step)图标,将其拖入编辑窗口,并双击该图标,打开参数设定的对话框,将参数 step time(阶跃时刻)设为 0。

b. 在 Math(数学)子模块库中选中加法器(Sum)图标,拖到编辑窗口中,并双击该图标将参数 List of signs(符号列表)设为|十一(表示输入为正,反馈为负)。

c. 在 Continuous(连续)子模块库中、选积分器(Integrator)和传递函数(Transfer Fcn)图标拖到编辑窗口中,并将传递函数分子(Numerator)改为〔900〕,分母(Denominator)改为〔1,9〕。

d. 在 Sinks(输出)子模块库中选择 Scope(示波器)和 Out1(输出端口模块)图标并将之拖到编辑窗口中。

② 将画出的所有模块按图 B-18 用鼠标连接起来,构成一个原系统的框图描述如图 B-17所示。

③ 选择仿真算法和仿真控制参数,启动仿真过程。

在编辑窗口中单击 Simulation→Simulation parameters 菜单,会出现一个参数对话框,在 Solver 模板中设置响应的仿真范围 Start time(开始时间)和 Stop time(终止时间),仿真步长范围 Maximum step size(最大步长)和 Mininum step size(最小步长)。对于本例,Stop time 可设置为 2。最后单击 Simulation→Start 菜单或单击相应的热键启动仿真。双击示波器,在弹出的图形上会实时地显示出仿真结果。输出结果如图 B-19 所示。

在命令窗口中输入 whos 命令,会发现工作空间中增加了两个变量——tout 和 yout,这是因为 Simulink 中的 Out1 模块自动将结果写到了 MATLAB 的工作空间中。利用 MATLAB 命令 plot(tout,yout),可将结果绘制出来,如图 B-20 所示。比较图 B-19 和图 B-20,可以发现这两种输出结果是完全一致的。

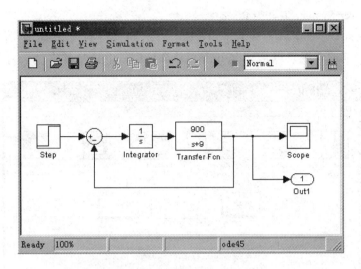

图 B-18　二阶系统的 Simulink 实现

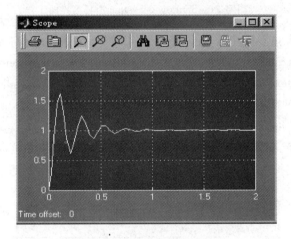

图 B-19　仿真结果示波器显示

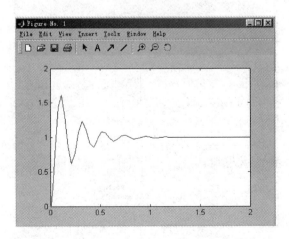

图 B-20　MATLAB命令得出的系统响应曲线

### 2. SimPower System 工具简介

在 MATLAB 命令窗口中输入 powerlib 命令,则将得到如图 B-21 所示的工具箱。当然,电力系统工具箱还可以从 Simulink 模块浏览窗口中直接启动。

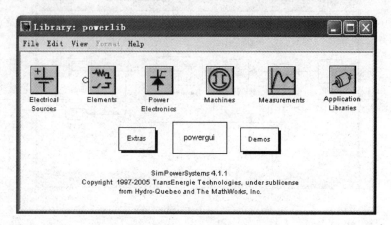

图 B-21　SimPower System 工具箱界面

在该工具箱中有很多模块组,主要有电源(Electrical Sources)、元件(Elements)、电力电子(Power Electronics)、电动机系统(Machines)、测量(Measurements)、应用实例库(Application Libraries)、附加(Extras)、演示(Demos)等模块组。双击每个图标都可以打开一个模块组。下面对各个模块进行简单的介绍。

(1) 电源(Electrical Sources)模块组

电源模块组包括:直流电压源、交流电压源、交流电流源、三相电源、三相可编程电压源、受控电压源和受控电流源等基本模块。电源模块组中的各基本模块及其图标如图B-22 所示。

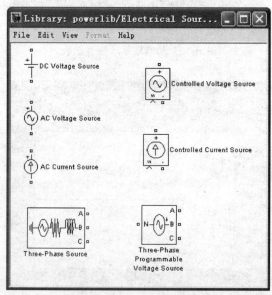

图 B-22　电源模块组中各基本模块及其图标

（2）元件（Elements）模块组

元件模块组包括各种电阻、电容和电感元件和各种变压器元件。电阻、电容和电感元件的各种组合可以通过串联和并联的 RLC 分支来选择。元件模块组中个基本模块及其图标如图 B-23 所示。

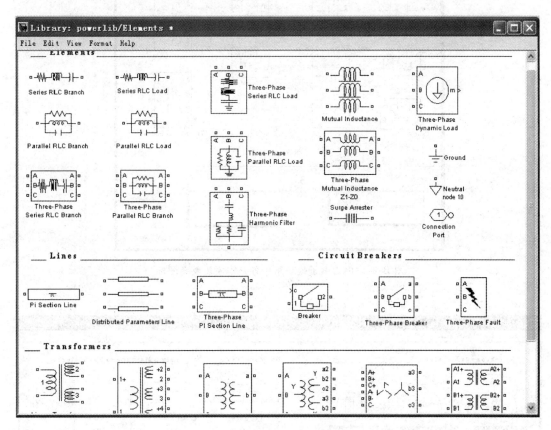

图 B-23   元件模块组中各基本模块及其图标

（3）电力电子（Power Electronics）模块组

电力电子模块组包括二极管（Diode）、晶闸管（Thyristor、Detailed-Thyristor）、可关断晶闸管（GTO）、绝缘门极晶体管（IGBT）、MOS 场效应管（MOSFET）、理想开关（Ideal Switch）、三电平变流器桥等模块，此外还有两个附加的控制模块组和一个通用变流器桥。电力电子模块组中各基本模块及其图标如图 B-24 所示。

（4）电动机系统（Machines）模块组

电动机系统模块组包括常用的直流电动机、同步电动机、异步电动机、汽轮机和调节器、电动机输出测量分配器等。各模块的图标如图 B-25 所示。

（5）测量（Measurements）模块组

测量模块组包括电流表、电压表、阻抗表、多用表、三相电压—电流表和各种附加的子模块组等基本模块。测量模块组中各基本模块及其图标如图 B-26 所示。

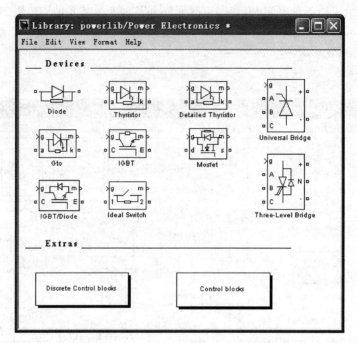

图 B-24　电力电子模块组中各基本模块及其图标

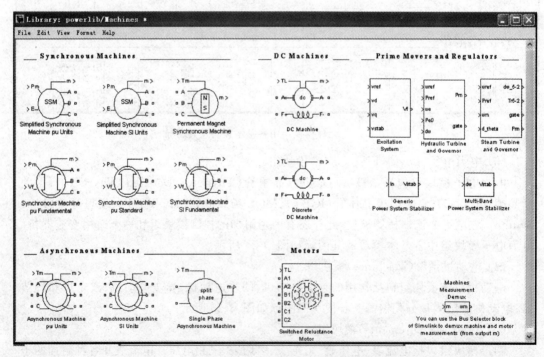

图 B-25　电动机系统模块组中各基本模块及其图标

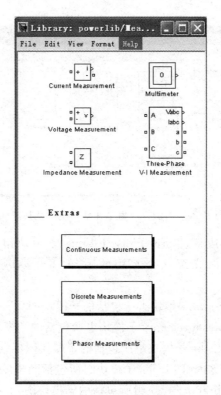

图 B-26　测量模块组中各基本模块及其图标

（6）应用实例库（Application Libraries）模块组

该应用模块库提供了多种交直流传动系统、电力系统、风能发电等再生能源系统的应用实例。应用实例库中各基本模块及其图标如图 B-27 所示。

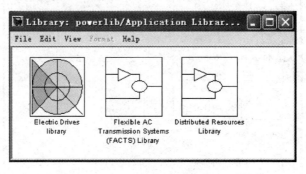

图 B-27　应用实例库模块组中各基本模块及其图标

（7）附加（Extras）模块组

附加模块组则包括了上述各模块组中的各附加子模块组。附加模块组中各基本模块及其图标如图 B-28 所示。

附加模块组主要包括：Measurements 子模块组、Discrete Measurements 子模块组、Control Blocks 子模块组、Discrete Control Blocks 子模块组、Phasor Library 子模块组、

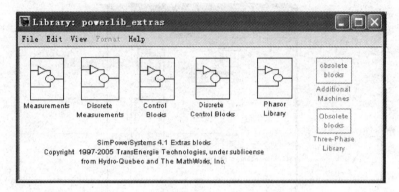

图 B-28  附加模块组中各基本模块及其图标

Additional Machines 子模块组、Three-Phase Library 子模块组。而每个附加子模块组又包括了多个模块。下面介绍这个常用的附加（Extras）子模块组包括的子模块图标。

图 B-29 是 Measurements 子模块组所包括的子模块图标。

图 B-30 是 Discrete Measurements 子模块组所包括的子模块图标。

图 B-31 是 Control Blocks 子模块组所包括的子模块图标。

图 B-32 是 Discrete Control Blocks 子模块组所包括的子模块图标。

图 B-33 是 Phasor Library 子模块组所包括的子模块图标。

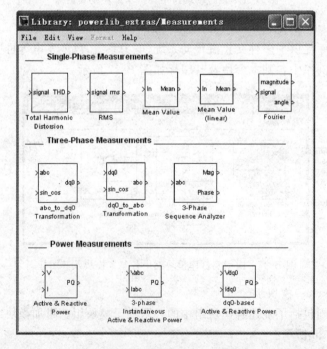

图 B-29  Measurements 模块组中各基本模块及其图标

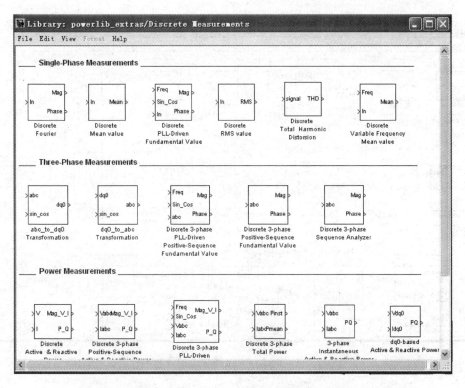

图 B-30　Discrete Measurements 模块组中各基本模块及其图标

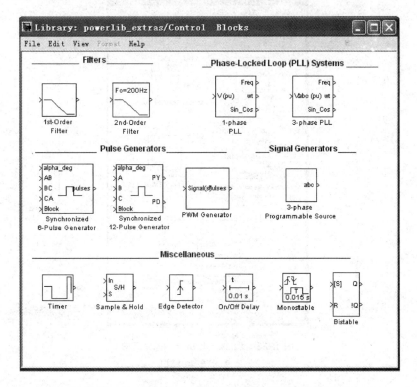

图 B-31　Control Blocks 模块组中各基本模块及其图标

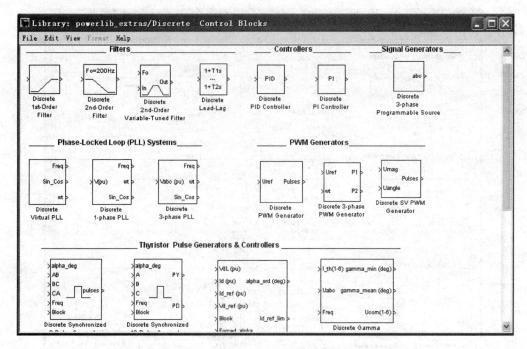

图 B-32　Discrete Control Blocks 模块组中各基本模块及其图标

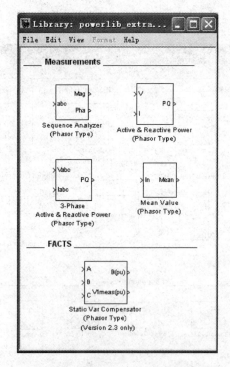

图 B-33　Phasor Library 模块组中

各基本模块及其图标

# 参 考 文 献

[1] 孔凡才.自动控制原理与系统[M].3 版.北京:机械工业出版社,2011.

[2] 陈渝光.电气自动控制原理与系统[M].2 版.北京:机械工业出版社,2013.

[3] 周渊深.交直流调速与 MATLAB 仿真[M].北京:中国电力出版社,2007.

[4] 李林.自动控制系统原理与应用[M].北京:清华大学出版社,2011.

[5] 孔凡才.自动控制系统[M].北京:机械工业出版社,2003.

[6] 胡寿松.自动控制原理[M].北京:科学出版社,2005.

[7] 王正林,王胜开,陈国顺,等.MATLAB/Simulink 与控制系统仿真[M].北京:电子工业出版社,2012.

[8] 陈伯时.电力拖动自动控制系统——运动控制系统[M].4 版.北京:机械工业出版社,2009.

[9] 谢克明.自动控制原理[M].2 版.北京:电子工业出版社,2009.

[10] 薛定宇.反馈控制系统设计与分析——MATLAB 语言应用[M].北京:清华大学出版社,2000.

[11] 于辉.过程控制原理与工程[M].北京:机械工业出版社,2010.